Marcel Knopf

TRAFFIC

© Fastlane Marketing GmbH, Marcel Knopf, Berlin.

Traffic – Wie Sie mit bezahlter Werbung über das Internet Neukunden gewinnen und Ihren Umsatz deutlich steigern können

ISBN 9783981993806

1. Auflage

Lektorat: Heike Ritschel
Satz: Markus Drangsal
Umschlaggestaltung: Olivier Darbonville
Druck und Bindung: berliner-buchdruck.de

Die Deutsche Nationalbibliothek verzeichnet diese Publikation in der Deutschen Nationalbibliografie; detaillierte bibliografische Daten sind im Internet über http://dnb.dnb.de abrufbar.

Besuchen Sie uns im Internet: www.fastlane-marketing.de

Inhaltsverzeichnis

VORWORT VON RYAN DEISS 11

EINLEITUNG – WOZU ONLINE-MARKETING? 15

Wieso ich dieses Buch geschrieben habe 18

Was Sie hier nicht finden werden 18

TEIL A: IM INTERNET VERKAUFEN – WIE GEHT DAS? 20

**Was wäre, wenn … man sich Kunden einfach
kaufen könnte?** 23

Der erste Schritt: Die ersten Kunden kaufen 24

Der zweite Schritt: Die Kunden kennenlernen,
verstehen und binden 28

Der dritte Schritt: Gezielt Premium-Kunden kaufen 32

Augen auf beim Kundenkauf! 33

Wie macht man aus Traffic Umsatz und Gewinn? 33

Wie funktioniert ein Funnel 35

Der Aufbau eines Funnels 36

Beispiele für verschiedene Funnels 44

In einem bewegten Markt am Ball bleiben 53

**Die richtige Strategie zur Entwicklung einer
Werbekampagne** 55

Die richtige Werbeform für den Start wählen 59

    Google AdWords – Suchnetzwerk 62

    Google AdWords – Shopping 63

    Google AdWords – Video 64

    Facebook 66

    LinkedIn 68

    Native Netzwerke 70

    Content-Netzwerke 71

    Fazit: Mit welcher Werbeform anfangen? 73

Zusammenfassung Teil A 75

TEIL B: WERBUNG SCHALTEN MIT FACEBOOK 78

Warum Facebook? 80

Mögliche Werbeformen auf Facebook 81

    Unternehmens-Page 81

    Anzeige in der rechten Spalte 82

    Gesponserter Beitrag 82

Wie gestalte ich erfolgreiche Werbeanzeigen auf Facebook? 85

    Creatives 85

    Text 90

    Link 96

Zum Spion werden: Wie Sie die Konkurrenz bei Facebook auslesen können 100

Erfolgreiches Targeting mit Facebook 104

    a) Custom Audiences 104

    b) Lookalike Audiences 105

    c) Demographie 105

    d) Retargeting 106

    e) Interaktionen 106

Die richtige Gebotsstrategie wählen und umsetzen 107

Grundregeln für eine erfolgreiche Kampagne 109

    a) Alle Elemente greifen ineinander. 109

    b) EPA und CPA sind die wichtigsten Werte. 110

    c) Targeting von heiß zu kalt. 110

    d) Anzeigen testen und verbessern 111

    e) Datenorientiert optimieren 112

    f) Gezielt skalieren 112

Schritt für Schritt zu mehr Kunden 113

Praxisteil: Facebook 113

Praxisbeispiele 143

Exkurs: Was sind Messenger-Bots, und warum sollte ich sie nutzen? 157

    Wie funktioniert ein Messenger-Bot? 158

    Welche Möglichkeiten bietet ein Messenger-Bot? 159

    Wie kann ich einen Messenger-Bot einsetzen? 160

    Was für Messenger-Bots sind verfügbar? 161

    Exkurs: Was ist Viralität, und welche Vorteile hat sie für mich? .. 162

    Viralität bei Facebook: Wenn sich Ihre Werbung selbstständig verbreitet 165

    Wie erstellt man einen viralen Beitrag? 167

    Das Tool LUMEN5 zur Erstellung viraler Videos 168

Zusammenfassung Teil B 170

TEIL C: WERBUNG SCHALTEN MIT GOOGLE ADWORDS 178

Werbung in der Google-Suche 180

Kampagnenplanung 181

Keyword-Planung 182
Anzeigenplanung 184
Targeting-Methoden 187
Gebotsstrategien 188
Landingpage und Tracking 192

Werbung im Display-Netzwerk 193

Targetierung 194
Anzeigengestaltung 195
Gebotsstrategie 196
Praxisbeispiele 197
Exkurs: Conversion-Tracking 206
Exkurs: Remarketing 210
Zusammenschluss der Ad-Giganten 218

Werbung bei YouTube 219

YouTube-Search-Werbung 220
YouTube-Display-Werbung 220
YouTube-in-Stream-Werbung 220

Konkurrenz auslesen bei AdWords 222

Off Topic: LinkedIn 223

Anzeigenformate 224

Zusammenfassung Teil C 231

TEIL D: WERBUNG SCHALTEN MIT NATIVEN NETZWERKEN UND CONTENT-NETZWERKEN 240

  Native Netzwerke 240
  Content-Netzwerke 241

Erfolgreiche Kampagnen planen 241

Was ist der TKP, und was bedeutet er für mich? 243

Konkurrenz auslesen bei Native Advertising 243

Case Studies 244

Taboola und Outbrain 245

Schritt für Schritt zur erfolgreichen Outbrain-Kampagne 248

Outbrain – 4 Tipps für Ihren Erfolg 250

Zusammenfassung Teil D 253

NACHWORT 254

GLOSSAR 256

FASTLANE MARKETING GMBH 260

Vorwort von Ryan Deiss

Das neu erschienene Buch „Traffic" ist ein Leitstern, der Sie sicher durch die Welt des Online-Marketings führen wird. Darin erfahren Sie wirklich alles über die unendlichen Möglichkeiten, die Ihnen bezahlte Werbung im Internet bietet.

Marketing war schon immer wichtig, um bedeutungsvolle Verbindungen mit Interessenten, Leads und Kunden zu schaffen. Im Laufe der vergangenen ein bis zwei Jahrzehnte wurden traditionelle Marketing-Kanäle wie Radio, Fernsehen und Plakatwerbung zunehmend durch Online-Marketing-Kanäle ersetzt.

Denken Sie einmal an den letzten wichtigen Kauf, den Sie getätigt haben – egal, ob es der Kauf eines neuen Autos war, ob Sie Ihr Dach haben reparieren lassen oder ob es um den Wechsel Ihres Papierlieferanten im Büro ging. Vor 20 Jahren hätten Sie sich alle nötigen Informationen in mühevoller Kleinarbeit zusammengesucht; Sie hätten Zeitungen durchforstet, telefonisch Angebote eingeholt, Freunde und Familie nach Empfehlungen gefragt usw.

Heute bekommen Sie solche Informationen auf Knopfdruck – und noch viel wichtiger: Es ist mittlerweile normal, dass Ihnen Produkte und Dienstleistungen empfohlen werden, die für Sie von Interesse sein könnten. Sie müssen nicht einmal nach etwas Speziellem suchen, denn Vorschläge zu Produkten, die Ihnen gefallen könnten, erreichen Sie genau dort, wo Sie sich im Internet aufhalten.

Umgekehrt bedeutet der Fortschritt von Internet und Social Media für Sie als Unternehmer, dass Sie potenzielle Kunden dort erreichen, wo sie ihre Freizeit verbringen.

Ob mit Facebook, Google AdWords, Native Advertising, LinkedIn oder Content-Netzwerken – mithilfe des Internets ist es sehr einfach geworden, Ihre Werbung jeder beliebigen Person an jedem beliebigen Ort der Welt zu zeigen. Natürlich wollen Sie nicht nur, dass die Leute Ihre Anzeige sehen, Sie wollen auch, dass sie auf sie klicken und einen Kauf tätigen.

Das Buch, das Sie gerade in den Händen halten, wird Ihnen alles verraten, was Sie darüber wissen müssen, wie Sie Traffic auf Ihre Landingpage leiten und dafür sorgen, dass aus Interessenten Kunden werden. Ganz gleich, welche Art von Unternehmen Sie führen, egal, wo auf der Welt Sie sich befinden – Sie müssen unbedingt verstehen, wie Sie die schier unendlichen Möglichkeiten des Online-Marketings am besten für sich nutzen.

Und warum sollten Sie nicht das Wissen anderer für sich nutzen? Smarte Marketer sagen die Trends der Zukunft voraus, unterstützen die Marketing-Bemühungen anderer und gestalten die Strategien von Branchenführern und Innovatoren. Dank diesem Buch können Sie nun auch auf dem neuesten Stand sein und kennen Trends schon, bevor sie die Branche erreichen!

Ich habe einen Großteil meines Lebens damit verbracht, alles über Online-Marketing zu lernen, mein Wissen sinnvoll zu nutzen und mit anderen zu teilen, bspw. in der War Room Mastermind, die ich gemeinsam mit Roland Frasier, Perry Belcher und Richard Lindner ins Leben gerufen habe.

Während dieser Mastermind-Veranstaltungen habe ich Marcel kennengelernt. Die Mitglieder des War Room sind allesamt erfolgreiche Unternehmer und gehören zu den smartesten Marketern der Welt. Marcel passt perfekt in diese Gruppe, weil er über tiefgreifendes und anwendbares Wissen verfügt, von dem die Mitglieder unserer Mastermind und auch unser Team bei DigitalMarketer bereits profitieren konnten.

Sein neu erschienenes Buch „Traffic" ist das Ergebnis von mehr als 10 Jahren Erfahrung mit der Welt des Online-Marketings. Sein Ziel ist es, Unternehmen weltweit dabei zu unterstützen, mehr Kaufinteressenten zu erreichen, mehr Leads zu generieren und mehr Umsatz zu erzielen.

Ich freue mich sehr, dass ich gefragt wurde, ein paar einleitende Worte zu diesem großartigen Buch zu schreiben, denn ich bin davon überzeugt, dass es ein wirklich nützliches Hilfsmittel für jeden darstellt – für die, die neu sind in der Welt des Online-Marketings und für die, die bereits Erfahrung mit Werbung im Internet haben.

Ich hoffe, dass Ihnen das Lesen dieses Buches genauso viel Freude bereitet, wie es mir bereitet hat, und wünsche Ihnen viel Erfolg bei der Erreichung Ihrer Ziele:

Mehr Traffic.
Mehr Conversions.
Mehr Umsatz.

Ryan Deiss

Ryan Deiss
ist der Gründer und CEO von DigitalMarketer.com und der Gründer und geschäftsführende Gesellschafter von RivalBrands.com, einer Digital-Media- und E-Commerce-Gruppe, die Dutzende Webseiten besitzt. Von „Shark Tank"-Star Daymond John wurde er als einer der weltweit führenden Digital Marketer bezeichnet. Als Bestseller-autor, Gründer zahlreicher Unternehmen, die Hunderte von Menschen weltweit beschäftigen, und einer der dyna-mischsten Speaker zum Thema Marketing in den USA ist er zweifellos ein anerkannter Experte auf dem Gebiet des digitalen Zeitalters.

Einleitung – wozu Online-Marketing?

Ich begrüße Sie ganz herzlich zu einer unvergesslichen Reise in für Sie vielleicht noch völlig neues Terrain – nämlich in die Welt der Online-Vermarktung. Zunächst einmal freue ich mich sehr, dass Sie sich für dieses Buch entschieden haben, denn dieses Buch ist anders als viele Bücher, die Sie in der Vergangenheit in den Händen gehalten haben. Es ist kein klassisches Lehrbuch, auch wenn Sie einiges daraus lernen werden. Es hat vor allem den Anspruch, Ihr Verständnis von Marketing und Neukundengewinnung vollständig zu transformieren und es Ihnen nachhaltig zu ermöglichen, mit diesem neuen Verständnis schnell mehr Neukunden, mehr Umsatz und mehr Erfolg im Internet zu erzielen.

Stellen Sie sich vor, Sie könnten jeden Tag selbst darüber entscheiden, wie viele Menschen Sie heute als Neukunden gewinnen möchten. Das klingt wie eine Wunschvorstellung? Oder einfach zu gut, um wahr zu sein? Doch genau das ist im Internet in den letzten Jahren zur Realität geworden. Und genau diesem Thema werden wir uns in diesem Buch gemeinsam widmen. Ich freue ich mich schon auf diese gemeinsame „Reise" mit Ihnen, die wie jede Reise auch einen Anfang hat. Wir beginnen dort, wo das Online-Marketing begonnen hat:

Noch vor ungefähr 20 Jahren schien der Werbemarkt klar aufgeteilt zu sein. Lokale Geschäfte wurden in der regionalen Tagespresse und im Radio beworben, eine größere Reichweite hatte man im bundesweit ausgestrahlten Fernsehen und in großen Magazinen. Das Internet gab es zwar schon – es wurde allerdings kaum genutzt und war für die meisten Werbetreibenden völlig uninteressant.

Werbung im Internet sah damals in etwa so aus: Man hatte eine Website, auf der man eine Werbefläche für sogenannte Banner zur Verfügung stellte. Diese sahen eigentlich schon damals fast so aus wie die flachen, querformatigen Banner in der heutigen Online-Displaywerbung. Dafür wurde man pro Klick oder pro 100 Ansichten bezahlt – oder man bezahlte selbst als Werbetreibender pro Klick oder pro 100 Ansichten. Und auf diese 100 Ansichten musste man oftmals mehrere Tage warten. Das große Geld war damit für die meisten noch nicht zu machen.

Im Jahr 2005 kam dann ein findiger 21-jähriger Engländer auf die Idee, jeden Pixel auf seiner 1.000 x 1.000 Pixel großen Website für je einen US$ als Werbefläche zu verkaufen. Der Plan ging auf: Man kann sich leicht ausrechnen, dass er damit genau eine Million US$ einnahm – und das in nur fünf Monaten.

Damals waren solche Geschichten noch selten. Im Jahr 1997 nutzten etwa 6,5 % der Deutschen das Internet. Im Jahr 2005 waren es bereits 55 %. Inzwischen sind knapp 80 % der Menschen in Deutschland online – und ein gewaltiger Markt ist entstanden.

Es gibt inzwischen eine Vielzahl an Online-Werbeformen, und vieles hat sich seit den „Urzeiten" des Internets verändert. Manches ist aber auch vom Prinzip her gleich geblieben. In diesem Buch möchte ich Ihnen nicht nur die verschiedenen Möglichkeiten des Online-Marketings vorstellen. Ich möchte Ihnen auch eine praktische Anleitung geben, wie Sie diese Möglichkeiten direkt für Ihr Business umsetzen können. Außerdem stelle ich Ihnen einige praktische Beispiele aus meiner Erfahrung als CEO der Fastlane Marketing GmbH vor.

Vor allem hoffe ich, dass ich Sie mit meiner Begeisterung für das Online-Marketing anstecken kann: Wir sind damit alle Teil einer weltweiten Entwicklung, die uns ungeahnte Möglichkeiten bietet. Dafür müssen wir Marketing aber ganz anders betrachten, als wir es gewohnt sind.

Ein Beispiel:

Denken wir uns noch mal zurück in das Jahr 1997, als in kaum einem Haushalt ein Computer stand. Und stellen wir uns einmal vor, dass wir mit einer besonders erfolgreichen Zeitungsanzeige Tausende Kunden in unser Geschäft gebracht haben, die sich nun dort schon vor der Tür drängeln und kaum an die Regale herankommen. Und um 20 Uhr schließt das Geschäft, das heißt, Hunderte Kunden gehen nach Hause, bevor sie etwas kaufen konnten.

Ein physisches Geschäft hat Grenzen. Wenn wir diese Grenzen überschreiten, dann leidet die Kundenerfahrung darunter. Und wenn wir die Grenzen erweitern wollen, dann müssen wir oft viel investieren – ein Risiko, wenn der Umsatz wieder sinkt. Ein

Online-Geschäft kann rund um die Uhr Tausende Kunden gleichzeitig bedienen, ohne dass Gedränge entsteht.

Leider nutzen viele Gewerbetreibende diese Möglichkeit noch nicht voll aus. Sie wissen nicht, wie sie den Traffic auf ihren Shop lenken sollen – und wie sie daraus Umsatz generieren.

Wie hätte man das 1997 gemacht? Zum Beispiel mit Fernsehwerbung. Für eine Werbekampagne auf einem der größeren Fernsehsender zahlt man heute ab ca. 100.000 €, bei Spartensendern mit deutlich weniger Reichweite muss man Budgets ab ca. 10.000 € kalkulieren. Das können sich viele kleine und mittelständische Unternehmen gar nicht leisten.

Zumal auch noch unklar ist, wer überhaupt die Werbung ansieht – und ob überhaupt jemand den Schritt vom Fernseher zum Laptop macht und die beworbene Website aufruft!

Und damit sind wir schon mitten bei den Vorteilen des Online-Marketings. Denn Online-Marketing wird gezielt auf bestimmte Zielgruppen ausgerichtet – so werden Streuverluste minimiert, die das Kampagnenbudget unnötig aufblähen. Und die Werbung lenkt mit nur einem Klick direkt auf eine Kaufmöglichkeit für das beworbene Produkt – oder auf weitere Kaufargumente.

Wir befassen uns hier vor allem mit einer der wichtigsten Formen der Online-Werbung: Dem Pay-per-Click-Advertising. Pay-per-Click, kurz PPC, bedeutet, dass der Werbetreibende pro Klick auf seine Werbeanzeige einen bestimmten Betrag bezahlt. Wie viel genau bezahlt wird, legt die jeweilige Werbeplattform in Auktionen fest, bei denen Werbetreibende auf bestimmte Positionen bieten.

Das Ziel sollte deshalb sein: keinen Euro mehr für Werbung auszugeben, der nicht durch den Werbeerfolg mindestens ausgeglichen wird! Und genau darum geht es in diesem Buch. Ich möchte Ihnen zeigen, wie Sie die neuen Möglichkeiten im Online-Advertising nutzen, um Ihr Werbebudget wirklich effizient einzusetzen. Und wie wirklich jedes Unternehmen, vom kleinen oder mittelständischen Unternehmen bis hin zum großen Konzern, mit einem angemessenen Budget maximale Erfolge erzielen kann.

Wieso ich dieses Buch geschrieben habe

Ich bin inzwischen seit über zehn Jahren im Internet unternehmerisch tätig. Mein Schwerpunkt liegt seit jeher auf dem Bereich Online-Marketing. Dabei war ich in verschiedenen Branchen tätig und habe eigene siebenstellige Werbebudgets bei Google AdWords und Facebook aufgebaut und verwaltet.

Über die Jahre bin ich ein echter Online-Marketing-Enthusiast geworden. Mich begeistern die Möglichkeiten, riesige Traffic-Ströme zu generieren – und dabei bis ins Detail die Kontrolle über alle relevanten Zahlen zu behalten und das Nutzerverhalten genau zu kennen.

Deshalb ist in mir mit der Zeit der Wunsch gewachsen, meine Begeisterung und mein Wissen zu teilen. So kam ich zu der Gründung der Fastlane Marketing GmbH in Berlin, die ihren Kunden effizientes Online-Marketing mit den jeweils aktuellsten Standards und Methoden anbietet. Und so kam ich auch zu zahlreichen Auftritten als Speaker vor Tausenden Menschen, denen wir helfen konnten, mit ihren Online-Aktivitäten buchstäblich abzuheben.

Mit der Agentur und dem direkten Kontakt zu vielen anderen Unternehmern kamen zahlreiche neue Erfahrungen hinzu. Dabei ist mir vor allem eines aufgefallen: Es gibt kein vollständiges Standardwerk in deutscher Sprache zu diesem Thema. Kein Buch, das einfach, praxisnah und umfangreich die grundlegenden Prinzipien erklärt. Daher fangen auch heute noch viele motivierte Unternehmer mit den gleichen Fehlern an, die ich schon vor acht Jahren gemacht habe, als ich noch ganz am Anfang stand.

Mit meiner Praxiserfahrung möchte ich diese Lücke nun schließen. Und ich bin überzeugt, dass dieses Buch jedem, der mit dem Internet Geld verdienen will oder schon verdient, ein nützlicher Wegweiser sein wird.

Was Sie hier nicht finden werden

Ich will ehrlich zu Ihnen sein, es wird einige Menschen geben, die mit diesem Buch nicht so viel anfangen können. Das sind erst einmal alle, die glauben, dass man im Internet mit einem Klick reich wird. Man kann mit erfolgreichem Online-Marketing viel Geld verdienen und seinen Profit dann gezielt skalieren. Doch es gehört immer ein Plan dazu, eine Strategie – und die muss man erarbeiten und umsetzen.

Ich verrate Ihnen in diesem Buch keine „magischen Tricks" des Online-Marketings, sondern erkläre Ihnen, wie Sie erfolgreiches Online-Marketing umsetzen und wie die beteiligten Plattformen und Mechanismen funktionieren. Und natürlich verrate ich Ihnen einige meiner erfolgreichen Strategien.

Dieses Buch ist auch kein allgemeines Lehrbuch über Marketing. Es geht ausschließlich um Online-Marketing. Ein Lehrbuch ist es aber in gewisser Weise schon: Mein Ziel ist ja, Ihnen das nötige Wissen für den praktischen Einstieg und den geplanten Erfolg im Online-Marketing zu liefern.

Außerdem ist das Buch auch keine Momentaufnahme, die in einem Jahr schon nichts mehr wert ist. Es stimmt, das Internet ist sehr schnelllebig. Ständig entstehen neue Plattformen, Algorithmen und Endgeräte. Und vieles, was heute noch gilt, ist morgen bereits überholt. Ich konzentriere mich hier aber vor allem auf grundlegende Prinzipien und Mechanismen, die auch noch in einem oder in fünf Jahren gültig sein werden. Einige Details in der praktischen Umsetzung ändern sich vielleicht mit der Zeit – der Schlüssel zum Erfolg bleibt aber im Wesentlichen immer der gleiche.

Doch lassen Sie mich Ihnen kurz zum besseren Verständnis den Aufbau dieses Buches etwas näherbringen.

Am Ende jedes Kapitels erwartet Sie eine kurze Zusammenfassung, die auf einer farbig abgesetzten Seite noch einmal die wichtigsten Punkte des vorangegangenen Kapitels aufbereitet.

Immer mal wieder werden Ihnen unterschiedliche Icons begegnen, die Sie auf einen Tipp, eine Strategie oder eine besonders relevante Information aufmerksam machen werden. Die Seiten der Kapitel sind farblich voneinander abgegrenzt, sodass Sie mit nur einem Blick auf die Seiten des geschlossenen Buches zu dem gewünschten Kapitel zurückfinden.

Nachdem wir uns nun über Struktur, Ziel und Zweck des Buches einig sind, sollten wir keine weitere Zeit mehr verlieren. Stattdessen steigen wir jetzt direkt in das Thema ein: Wie verkauft man im Internet?

Teil A: Im Internet verkaufen – wie geht das?

In diesem Teil geht es um die grundlegenden Prinzipien von Online-Marketing. Denn klar ist: Um im Internet Geld zu verdienen, muss etwas verkauft werden. Und zwar möglichst viel mit einem möglichst hohen Profit. Das funktioniert eigentlich nicht anders als überall. Die grundlegenden Prinzipien unserer Überlegungen lassen sich dabei mit Hilfe von drei wichtigen Ausgangsfragen abbilden:

Was ist der wichtigste Unterschied zwischen Online-Marketing und Offline-Marketing?

Erinnern Sie sich an das Beispiel mit dem Ladengeschäft, in das Tausende Kunden drängen und das um 20 Uhr schließt? Solche Probleme gehören der Vergangenheit an, wenn man online verkauft. Ihr Online-Shop ist über Smartphone, Tablet und Laptop jeden Tag rund um die Uhr von jedem Ort der Welt erreichbar.

Für einen Online-Shop müssen Sie außerdem keinen Laden mieten und ausstatten und schichtweise Verkaufspersonal beschäftigen.

Anders ausgedrückt: Sie müssen deutlich weniger investieren. Online-Marketing ist also ausgesprochen **effizient**. Zudem sind ihre Ergebnisse sehr einfach und präzise **messbar**. Mit der richtigen Software wissen Sie, ohne aktiv etwas messen zu müssen immer genau:

- wer Ihre Produkte kauft,

- wohin Ihre Produkte verkauft werden,

- wann Ihre Produkte verkauft werden,

- auf welchem Weg Ihre Kunden von Ihrem Produkt erfahren haben.

Aber erst die Auswertung dieser Daten ermöglicht das, was Online-Marketing im Vergleich zu konventionellem Offline-Marketing so unglaublich faszinierend und reizvoll macht. Das Auswerten Ihrer Daten gibt Ihnen das Potential, Ihr Geschäft skalierbar zu machen. Durch sogenannte Split-Tests können Sie z. B. sehr präzise verfolgen, welche Marketing-Maßnahmen wie stark auf welche Menschengruppe wirken. Sie lernen Ihren Kunden extrem gut kennen, machen ihn dadurch ein Stück weit gläsern und können sich immer wieder an seine veränderten Bedürfnisse und Wünsche anpassen.

Wofür setze ich Online-Marketing ein?

Die Anwendungsmöglichkeiten von Online-Marketing sind nahezu grenzenlos. Sie können auf dem Online-Weg nicht nur Ihren Umsatz durch Verkäufe über das Internet massiv steigern, sondern natürlich auch Ihren Offline-Umsatz deutlich verstärken. Sie sind in der Lage, Interessenten und Kunden zu gewinnen, Ihre Reichweite zu erhöhen und Brand-Aufbau zu betreiben, sich also einen Namen als Marke zu machen und sich zu etablieren.

Das klingt, als wäre Online-Marketing der kinderleichte Königsweg, der jedem Unternehmen ohne großartigen Mehraufwand zu einer Vielzahl zahlungskräftiger Kunden verhilft und so die Umsätze praktisch nebenbei alle Rekorde brechen lässt.

Warum tun sich viele Menschen dann mit Online-Marketing so schwer?

Das Fundament der Arbeit im Online-Marketing ist eine Kombination aus Kreativität und analytischer Arbeitsweise, die nicht nur viel Lernbereitschaft, sondern auch eine Menge Disziplin erfordert. Beide Elemente greifen wie Zahnräder ineinander und sind in Kombination gleichermaßen wichtig. Auf der einen Seite benötigt man kreative Ideen und einfallsreiche Impulse, um ein Produkt oder eine Leistung auf eine frische und innovative Art und Weise an den Kunden zu verkaufen. Auf der anderen Seite darf dabei aber auch nicht die Bedeutung der Datenanalyse vergessen werden! Die Erhebung und Analyse von Daten und Kennzahlen ist ein zentraler Schlüssel im Online-Marketing. Beide Elemente sind essentiell, und es lohnt sich, in beide besonders viel Zeit zu investieren. Viele scheitern an dieser Ambivalenz und verlieren sich in der unendlichen Vielfalt der Möglichkeiten. Außerdem besteht immer die Gefahr, mit den Neuerungen und Entwicklungen nicht mehr mitzuhalten. Um im Online-Marketing zu bestehen, muss man viel investieren, um am Puls der Zeit bleiben zu können.

Doch der Aufwand lohnt sich.

Zumal diese Form des Marketings noch einen weiteren sehr reizvollen Aspekt hat, nämlich die Möglichkeit, dass man online auch digitale Produkte verkaufen kann. Diese lassen sich beliebig vervielfältigen, ohne dass dabei Extrakosten entstehen, und bieten damit ganz neue Möglichkeiten für die Vermarktung bei vergleichsweise geringen Produktionskosten. Beispiele für solche Produkte sind etwa E-Books, Hörbücher, Webinare und Videokurse, Musik, Software sowie Zugänge zu Tools, Mitgliederbereichen, Archiven und anderen Informationsquellen. Die Anwendungsbereiche des Online-Marketings sind besonders vielfältig und lassen sich wie folgt aufsplitten:

Anwendungsbereiche für Online-Marketing

Performance	Steigerung von Anfragen für ein bestehendes Offline-Geschäft (Beispiel: Hotel in Dortmund)	Realisierung von Verkäufen in einem Online-Shop (Beispiel: Fashion-Store im Internet)	Generierung von E-Mail-Adressen für einen Newsletter-Verteiler	Gewinnung von Neukunden für ein Dienstleistungs-geschäft
Branding	Aufbau von Reichweite für die eigene Marke	Intensivierung des Kontakts mit bereits bestehenden Zielgruppen und Kunden	Nutzung von Plattformen zur Verbreitung von individuellen Inhalten/Content	Erzielen von Aufmerksamkeit für ein bestimmtes vordefiniertes Thema

Daraus lernen wir zwei wichtige Dinge über den Online-Verkauf:

1. Die Investition und damit das Risiko beim Online-Verkauf sind oft deutlich geringer als bei einem Ladengeschäft. Der Einstieg ist im Grunde für jeden möglich.

2. Die Grenzen der Online-Marketing-Aktivität bestimmen die Grenzen der Gewinn-
   möglichkeiten. Auf diesem Thema sollte also der Fokus liegen.

Wir beginnen mit einem der für mich faszinierendsten Aspekte des Online-Marketings.
Durch die Möglichkeiten, die Werbeplattformen heute bieten, ist es möglich, Kunden
zu kaufen. Und zwar genau die Kunden, die wir wollen: Kunden, die viel Geld ausgeben
und wiederkommen.

Was wäre, wenn ... man sich Kunden einfach kaufen könnte?

Es klingt ein wenig wie eine utopische Fantasie. Man gibt beim Marketing kein mehr oder
weniger unkontrolliertes Budget dafür aus, ein Produkt oder einen Shop zu bewerben –
ohne zu wissen, was dabei herauskommt. Stattdessen investiert man nun ein bestimmtes
Marketing-Budget, damit eine vorher berechnete Zahl von Kunden eine vorher berechnete Menge von Geld bei uns ausgibt?

Tatsächlich ist das keine Fantasie. Genau so funktioniert Online-Marketing heute. Wer
dieses Prinzip nicht verstanden hat und die mögliche Kontrolle nicht nutzt, der verschenkt Geld. Wer dieses Prinzip verstanden hat und richtig anwendet, der verschenkt
keinen Cent mehr – sondern kauft sich davon einen Kunden, der ihm fünf Cent Umsatz
und damit zwei Cent Gewinn einbringt. Und schon hat sich der Cent verdoppelt! Damit
kann man dann skalieren, bis man über Nacht aus 10.000 € schon 20.000 € macht.

Ich gehe hier erst einmal auf die grundlegenden Prinzipien ein. Die Details zur Umsetzung erfahren Sie in den nachfolgenden Kapiteln, in denen ich einzelne Werbeplattformen und Techniken vorstellen werde.

Um zu verstehen, wie das mit dem Kaufen von Kunden funktioniert, muss man sich
zunächst mit den Techniken des Online-Marketings auseinandersetzen. Eine wesentliche

neue Funktion ist, dass sich viele Nutzerbewegungen „tracken", also nachverfolgen lassen. So können wir z. B., wenn wir Tracking richtig einsetzen, sehen, wie viele Kunden, die auf unsere Werbeanzeige geklickt haben, im Shop etwas gekauft haben. Und wie viel sie ausgegeben haben! Außerdem sehen wir, wie viele Kunden etwas in den Warenkorb gelegt und dann doch nicht gekauft haben.

Tracking bezeichnet die Verfolgung der Bewegung der Nutzer im Internet. Tracking ist wichtig für die Erfolgskontrolle im Online-Marketing zum Beispiel um die Performance von Werbekampagnen oder die Nutzerfreundlichkeit einer Webseite zu überprüfen.

Der erste Schritt: Die ersten Kunden kaufen

Nehmen wir einmal an, wir haben für die Werbeanzeige 1.500 € bezahlt und 1.000 Klicks erhalten, das sind 1,50 € pro Klick. Diese Kosten, auf die Details gehe ich später noch ein, nennt man Cost-per-Click, kurz CPC. Bei den 1000 Klicks hatten wir eine Bounce Rate von 10 %, das heißt, dass 100 Personen die Website gleich wieder geschlossen haben, z. B. weil sie versehentlich auf die Anzeige geklickt haben. Von den verbleibenden 900 Shop-Besuchern haben 200 etwas gekauft und dabei durchschnittlich 25 € ausgegeben. Das ergibt einen Umsatz von 5.000 € mit einem Gewinnanteil von bspw. 2.000 €.

Von den 2.000 € Gewinn muss man die 1.500 € Werbekosten abziehen – und erhält einen Gewinn von 500 €. So zu rechnen, ist in der klassischen Wirtschaft nicht üblich, da für die Umsetzung in einem Ladengeschäft oft die Daten fehlen.

Kosten Werbeanzeige	1.500 €
Erhaltene Klicks	1.000
Cost per Click	1.50 €
Bouncerate	10 % (100 Besucher haben die Website sofort wieder geschlossen)
verbleibende Shopbesucher	900
davon Käufer	200
durchschnittliche Ausgabe eines Kunden	25 €
Umsatz	5.000 €
Gewinnanteil	2.000 €
Abzüglich Werbekosten	-1.500 €
Gewinn	**= 500 €**

Im Online-Marketing sollte man aber, um Gewinn zu machen, genau so rechnen. Dafür sind vor allem zwei Kenngrößen wichtig, die ich an dieser Stelle kurz erklären möchte:

- Cost per Acquisition (CPA): Das sind die Kosten dafür, einen Kunden zu gewinnen. Diese liegen natürlich höher als der Cost-per-Click (CPC), da ja nicht jeder Nutzer, der klickt, auch zum Kunden wird. In dem Beispiel oben haben wir für 200 Kunden einen Preis von 1.500 € bezahlt. Der CPA-Wert liegt also bei 1.500/200 = 7,50 €.

- Earning per Acquisition (EPA): Das ist der Gewinn pro Kunde. Bei einem Gewinn von 2.000 € bei 200 Kunden beträgt der EPA im obigen Beispiel 2.000/200 = 10 €.

Sobald der Earning per Acquisition höher ist als die Cost per Acquisition, machen wir Gewinn. Noch wichtiger: Wenn der Earning per Acquisition geringer ausfällt als die Cost per Acquisition, dann verlieren wir Geld! Dann gibt es zwei Möglichkeiten zur Korrektur:

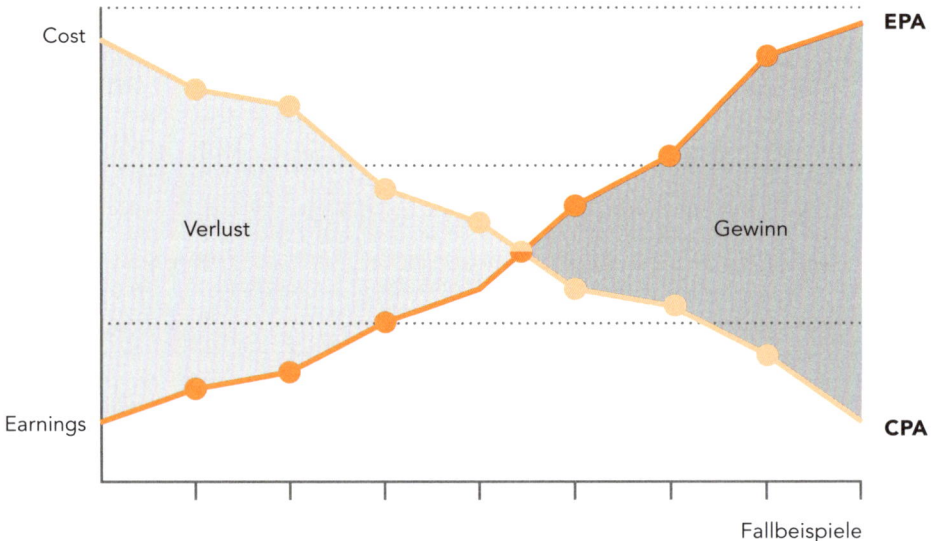

- Die CPA senken. Das kann man tun, indem man entweder bei gleichbleibender Conversion Rate den CPC senkt und versucht, auf dieser Seite Geld einzusparen. Oder man versucht, die Conversion Rate zu erhöhen und damit mehr Käufer aus gleichbleibendem Traffic zu generieren. Darauf gehe ich im nächsten Kapitel noch genauer ein.

- Den EPA erhöhen. Dafür gibt es verschiedene Möglichkeiten. Die einfachste Möglichkeit sind Upsell-Optionen beim Checkout: Wenn von 200 Kunden jeder noch 5 € mehr ausgibt, sind das schon 1.000 € mehr Umsatz! Eine andere Möglichkeit möchte ich hier gleich im Detail beschreiben. Dabei geht es darum, den Lifetime Value des Kunden zu erhöhen – ihn also zum Wiederkommen zu motivieren. Wenn er weiterhin Umsatz macht, ohne neue Acquisitionskosten zu verursachen, dann steigt der EPA mittelfristig gerechnet weiter an.

Umsatzpotential der Kundengruppe

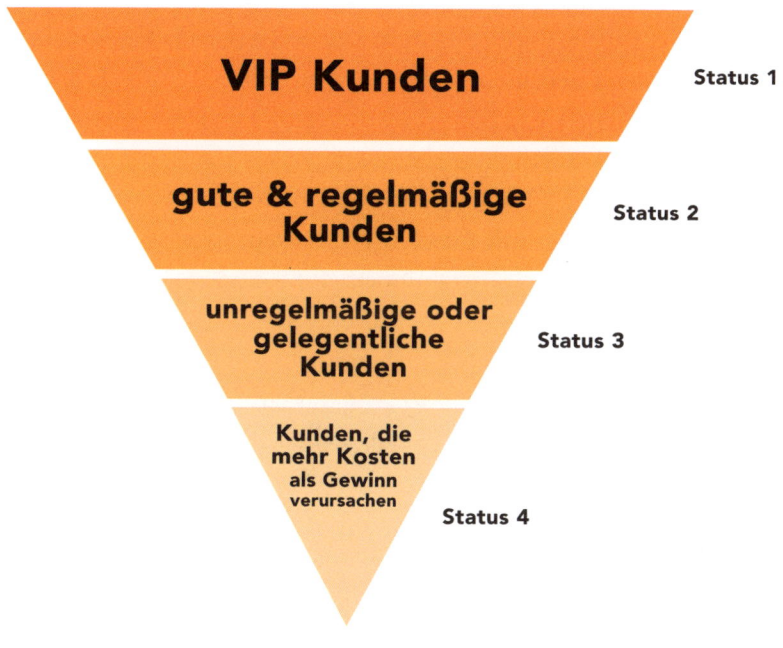

VIP Kunden   Status 1

gute & regelmäßige Kunden   Status 2

unregelmäßige oder gelegentliche Kunden   Status 3

Kunden, die mehr Kosten als Gewinn verursachen   Status 4

Conversion Rate

Die Conversion Rate (Konversionsrate) ist ein KPI aus dem Online-Marketing. Die Conversion Rate beschreibt das Verhältnis der Besucher einer Webseite zu den Conversions. Die Conversion Rate wird in Prozent angegeben und muss nicht zwingend ein Kauf oder eine Transaktion sein.

Der zweite Schritt: Die Kunden kennenlernen, verstehen und binden

Wenn ein Kunde einmal bei uns gekauft hat, dann ist es wahrscheinlicher, dass er wieder bei uns kaufen wird, als bei einem Lead, der zwar schon mehrfach die Anzeige geklickt, aber trotzdem noch nie gekauft hat.

Außerdem lernen wir über Tracking-Möglichkeiten und Nutzerdaten viel über unsere Kunden. Wer war zufrieden mit unseren Produkten? Wer verursacht hohe Servicekosten? Wer kauft nur, wenn es Rabattaktionen gibt – und wer kauft regelmäßig hochpreisige Produkte?

Eines ist klar: Einen guten Kunden, den wir uns einmal gekauft haben, den sollten wir nicht einfach wieder fallen lassen. Deshalb stelle ich nun den Begriff „Lifetime Value" vor: Dieser bezeichnet den Wert, den ein Kunde über einen bestimmten Zeitraum, der „Lifetime" genannt wird, für den Verkäufer hat. Mit „Lifetime" ist die Zeit gemeint, in der der Kunde in einem Shop einkauft. Das können je nach Kundenbindung zwei, fünf oder zwanzig Jahre sein.

Grundsätzlich kann ich empfehlen, die Kunden nach verschiedenen Kundentypen zu segmentieren. Das Unterscheidungskriterium ist ganz einfach: Wie wertvoll ist dieser Kunde für mich? Die wertvollsten Kunden, die quasi einen VIP-Status verdienen, können bspw. Status 1 erhalten. Danach kommt Status 2 mit guten, regelmäßigen Kunden. Status 3 erhalten unregelmäßige oder gelegentliche Käufer. Und Status 4 erhalten Kunden, die mehr Kosten verursachen als Gewinn einzubringen, z.B. durch ein hohes Servicelevel.

Doch wie motiviert man Kunden dazu, in eine höhere Stufe aufzusteigen?

Um einen Anreiz für den Kunden zu schaffen, in eine höhere Ebene unserer Pyramide aufzusteigen, gibt es verschiedene Möglichkeiten, die je nach Stufe variieren.

Stufe 4 auf Stufe 3: Education betreiben, mit Informationen versorgen, die Vorteile der eigenen Brand aufzeigen, günstige bis mittelpreisige Produkte promoten

Stufe 3 auf Stufe 2: Nach dem Kauf von günstigen bis mittelpreisigen Produkten den Kunden nach Feedback fragen; dem Kunden besondere Angebote zusenden oder ein kostenloses E-Book als kostenlosen Mehrwert; eine Einladung in eine exklusive Facebook-Gruppe senden

Stufe 2 auf Stufe 1: Durch den Kauf eines hochpreisigen Produktes identifiziert sich der Kunde mit der Brand und spricht mit seinen Freunden darüber; eine Empfehlungsprovision oder Ähnliches anbieten

Die Vorteile einer hohen Lifetime Value liegen auf der Hand. Wenn ein Kunde über eine Customer Lifetime von 5 Jahren insgesamt 2.000 € bei uns ausgegeben hat, mit einem Gewinnanteil von 800 €, dann könnten wir z.B. 200 € ausgeben, um einen solchen Kunden an uns zu binden – und hätten immer noch langfristig ein Plus von 600 €, das uns der Kunde eingebracht hat. Und das bringt uns zu Schritt drei.

Ganz grundsätzlich ist die Basis für die Berechnung des Customer Lifetime Value (CLV) der Umsatz, den ein Kunde einem Unternehmen in seinem Kundenleben einbringt. Abgezogen werden die Ausgaben, die das Unternehmen für die Kundenakquise und -serviceleistungen investiert hat.

Allerdings ist der CLV keine feste Größe innerhalb einer Kundenkategorie. Es geht beim CLV darum, aus jedem Kunden noch mehr Profit herauszuholen. Es werden also permanent Maßnahmen entwickelt, durch die der Kundenwert über die gesamte Dauer der Beziehung stetig erhöht werden kann.

Maßnahmen zur Erhöhung des CLV:

- Abomodelle (der Kunde wird durch Rabatte für seine Treue und die Bindung an die Brand belohnt)

- SaaS = Software as a Service (Software wird von externem Dienstleister betrieben und für Kunden als Dienstleistung angeboten)

- Cross-Selling (ein ergänzendes Kaufangebot zum Hauptprodukt)

- Upselling (ein weiterführendes Kaufangebot zum Hauptprodukt)

- Serviceangebote (Angebote, die einem Kunden eine unterstützende Leistung zugutekommen lassen)

- Wechselbarrieren (Hemmnisse jeglicher Art, die die Abwanderung zu einem anderen Anbieter erschweren)

- Effizienz in der Kundenbeziehung steigern (dem Kunden mit einer Dienstleistung oder einem Produkt einen stärkeren Mehrwert bieten, z.B. durch häufigere oder intensivere Angebote, und als Verkäufer häufiger Einnahmen dadurch generieren)

Das Besondere an diesem Modell ist, dass wir den Menschen als Kunden ja bereits gewonnen haben. Wir stehen schon in einer Beziehung zu ihm, wir kennen seine Wünsche und Bedürfnisse. Es ist also möglich, ihm maßgeschneiderte Angebote zu unterbreiten, die mit einem relativ niedrigem Aufwand verbunden sind. Daher ist es nur logisch und sinnvoll, einen signifikanten Teil der Marketing-Aktivitäten in die Erhöhung des CVL zu leiten und hier zu investieren. An dieser Stelle entfallen dann sämtliche Kosten für die Neukundenakquise, was das Modell besonders profitabel macht. Die Option, mehr Geld zu verdienen, besteht also nicht nur darin, neue Kunden auf immer günstigere Art und Weise zu akquirieren, sondern auch darin, aus bestehenden Kunden noch mehr Potential herauszuholen.

Die nachfolgenden Grafiken bilden in zwei verschiedenen Versionen den CLV ab. Einmal am Beispiel eines Coachings, bei dem versucht wird, im Verlaufe des Coachings den CLV durch ein erweitertes Produktangebot zu erhöhen. Das zweite Beispiel bildet den CLV anhand eines Online-Shop-Verkaufes ab.

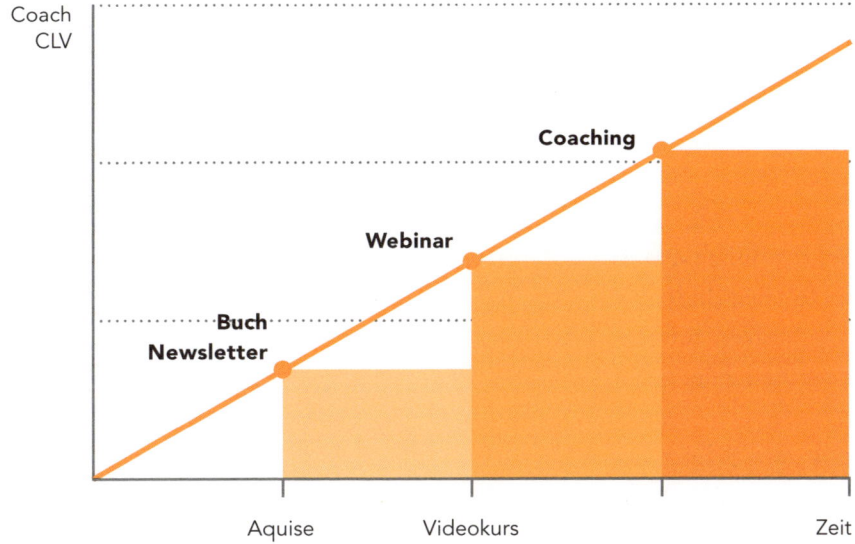

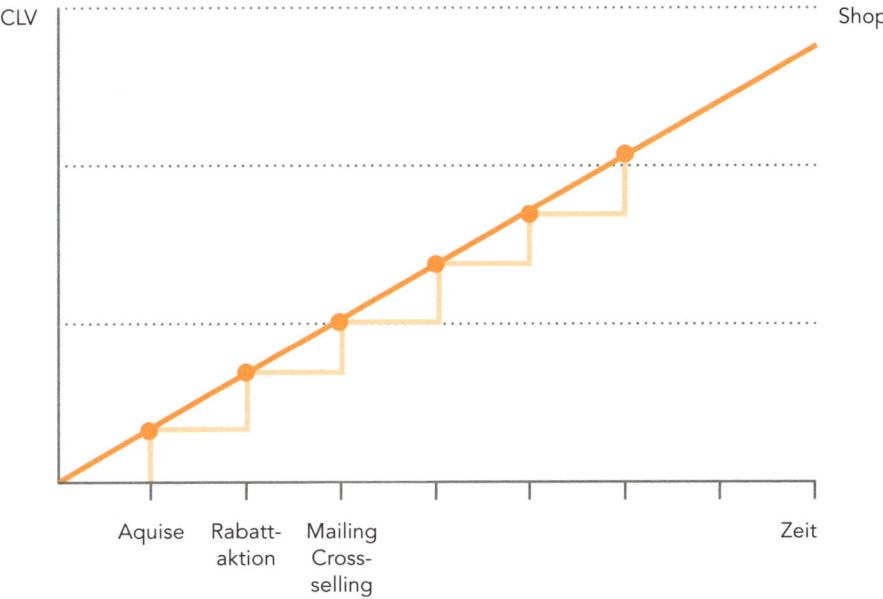

Allerdings stellt die CLV-Methode kein unproblematisches Konzept dar, denn es besteht keine Vorhersagesicherheit. Es handelt sich dabei immer um einen Schätzwert, der auf bisherigen Erfahrungen basiert. Um Unsicherheiten zu minimieren, ist es besonders wichtig ein gutes Customer-Relationship-Management zu pflegen.

Der dritte Schritt: Gezielt Premium-Kunden kaufen

Dieser Schritt dürfte den meisten Lesern erst einmal seltsam vorkommen. Wir verlassen hier komplett den Boden des klassischen Marketings und arbeiten mit Paradigmen, die so nur im Online-Verkauf funktionieren. Denn nur dort haben wir so gute Möglichkeiten, Kunden zu verstehen, zu segmentieren und gezielt anzusprechen.

Um den dritten Schritt genau zu erklären, schauen wir noch einmal genau, wie wir zu diesem gekommen sind:

- Wir haben durch Tracking einen genauen Überblick über unsere CPA und unseren EPA erhalten.

- Wir haben das Kundenverhalten analysiert und die Kunden in Status 1 bis Status 4 segmentiert.

- Wir haben mittelfristig den EPA erhöht, indem wir Kunden mit Status 1 und 2 stärker gebunden haben.

Diese Ausgangswerbekampagne wird nun gezielt auf alles ausgerichtet, was wir über unsere VIP und unsere guten Kunden wissen. Denn unsere heiße und warme Audience ist immer unsere erste und wichtigste Anlaufstelle.

Außerdem wissen Sie jetzt, wie viel Sie in einen Premium-Kunden der Stufe 1 investieren können. Mit diesem Wissen können Sie etwas tun, das im klassischen Marketing ein schwer kalkulierbares Risiko sein kann – im Online-Marketing aber gut zu kontrollieren ist. Sie können etwas verschenken! Mit der richtigen Strategie können Sie damit fast ohne etwas zu tun ständig neue Kontakte zu potenziellen Premium-Kunden einsammeln.

Dadurch wächst Ihre Liste an Kontakten, die Sie nach Kundenstufe segmentiert haben. Diese Liste können Sie verwenden, um per E-Mail gezielt Kunden der Stufen 1 und 2 anzusprechen und Ihre Produkte zu bewerben – ohne dass dabei irgendwelche weiteren

Werbekosten entstehen. So ist jeder gekaufte Kunde weiterhin wertvoll.

Augen auf beim Kundenkauf!

Ich habe Ihnen ja ganz zu Anfang dieses Buches etwas versprochen. Nämlich dass Sie sich im Internet gezielt so viele Neukunden kaufen können, wie Sie möchten. Inzwischen dürften Sie einen Einblick in das Grundprinzip erlangt haben. Und sicher geben Sie jetzt auch zu, dass das alles gar nicht so verrückt klingt, wie am Anfang gedacht, oder?

Dass es jetzt nicht mehr verrückt klingt, hat einen einfachen Grund. Alles basiert auf Daten, Fakten und Zahlen – und nichts wird dem Zufall überlassen. Wenn man es sich genau überlegt, ist es sogar sehr vernünftig. Und das mag ich, wie bereits erwähnt, am Online-Marketing so sehr. Wenn man an den richtigen Schrauben dreht, erzielt man vorhersagbare Effekte.

Sie dürften inzwischen verstanden haben: Die für uns wichtigsten Schrauben sind die CPA und der EPA. Wir könnten mit verschiedensten Techniken Traffic auf unsere Website jagen. Wir könnten uns um CPC, Tausenderkontaktpreis (TKP) und alle möglichen anderen Werte kümmern. Wirkliche Kontrolle über Neukundengewinnung und Umsatz erhalten wir aber nur mit den Cost per Acquisition und dem Earning per Acquisition.

Ein sehr wichtiges Thema habe ich aber bisher mit Absicht ausgeklammert. Nämlich die Frage: Wie bringe ich einen Shop-Besucher dazu, bei mir zu kaufen? Oder, auf einer anderen Detailstufe betrachtet: Wie generiere ich aus meinem Traffic Umsatz und Gewinn? Denn dieses Thema ist recht komplex – wir wollen es nun einmal genauer betrachten.

Wie macht man aus Traffic Umsatz und Gewinn?

Nicht jeder, der eine Werbeanzeige anklickt, kauft auch etwas. Das ist wie bei Laufkundschaft im Geschäft: Manche verlassen den Laden wieder, ohne etwas gekauft zu haben. Welche Strategien würde man in einem Laden einsetzen? Zunächst einmal würde man die Waren verkaufsfördernd positionieren. Außerdem würde man den Kunden vielleicht direkt ansprechen: „Kann ich Ihnen helfen? Suchen Sie etwas Bestimmtes?" Und wenn sich im Verkaufsgespräch zeigen würde, dass der Kunde doch nicht an dem Produkt interessiert ist, dann könnte man ihm ein anderes Produkt vorschlagen. Wenn der Kunde interessiert wäre, dann würde man natürlich versuchen, einen möglichst hochpreisigen Verkauf abzuschließen.

So ein Verkaufsgespräch findet natürlich im Internet nicht in dieser Form statt. Dennoch haben Sie Möglichkeiten, den Kunden zu führen und seine Kaufentscheidung zu beeinflussen. Ihre wichtigsten Instrumente hierfür sind:

Die Landingpage bzw. der Online-Shop:
Oft wird hierbei vor allem auf das Design geachtet, aber nicht darauf, wie Kunden gezielt zu einem Verkauf geführt werden können.

Der Funnel:
Wie in einem Trichter verengt sich der Funnel vom ersten Kontakt bis zum Verkauf. Ein gut funktionierender Funnel wirkt wie ein Verkaufsgespräch mit einem hervorragenden Verkäufer – so können Sie mit gleichbleibender Laufkundschaft, also gleichbleibendem Traffic, mehr Verkäufe generieren.

Mit einer Landingpage verfolgt man immer ein definiertes Ziel. Wichtig ist, dass dieses Ziel wirklich klar definiert ist, denn nach meiner Erfahrung funktioniert es nicht, verschiedene Ziele auf einer Landingpage zu vermischen. Dann ist es besser, separate Kampagnen mit separaten Landingpages zu erstellen. Typische Ziele für eine Landingpage sind in der Praxis:

- Das Erzielen eines Verkaufs (Fokus auf Sales)

- Das Erzielen eines Leads der Kategorie A (alle Daten und Telefonnummern vollumfänglich enthalten, z. B. für Versicherungen)

- Das Erzielen eines Leads der Kategorie B (z. B. nur die E-Mail-Adresse, daher einfacher Lead)

- Das Verbreiten von Inhalten (z. B. zum Brand-Building oder als Teilschritt)

- Das Generieren einer Anfrage (bei Angeboten im Dienstleistungsbereich)

Dabei ist die Landingpage im Grunde ein Element des Funnels. Ich erwähne sie aber separat, weil sie einen großen Einfluss auf die Kaufentscheidung hat. Auf der Landingpage besteht die Möglichkeit, den Kunden im selbst gestalteten Umfeld vom Kauf zu überzeugen. Außerdem besteht hier die Möglichkeit einer Verengung, z. B. wenn dem Besucher als einzige Optionen das Hinterlassen einer E-Mail-Adresse oder der Kauf angeboten werden. Das ist typisch für eine sogenannte Squeeze Page.

Vor solch einer Verengung haben viele Marketing-Profis Angst, da hierdurch die Traffic-Ströme deutlich zurückgehen können. Andererseits steigert eine gut konzipierte und in einen getesteten und funktionierenden Funnel eingebaute Landingpage derart deutlich die Conversion Rate, dass das wirtschaftliche Ergebnis einer solchen Umstellung oft positiv ist! Um zu verstehen, wie das funktioniert, schauen wir uns nun einmal genauer an, wie so ein Funnel aufgebaut wird.

Wie funktioniert ein Funnel

Hier kommen wir zu einem der Kernpunkte dieses Buches. Denn wer weiß, wie man einen Funnel richtig einsetzt, der kann seinen Umsatz ohne viel Aufwand erheblich steigern – einfach indem statt ungefiltertem Traffic gezielt willige Käufer auf die Angebote gelenkt werden.

Ganz einfach beschrieben, funktioniert ein Funnel im Online-Marketing genau wie ein haushaltsüblicher Trichter. Er hat eine sehr breite Öffnung, in die der Traffic gewissermaßen hineinfällt. Und egal, von wo der Traffic in den Trichter hineinläuft – alles wird auf am Ende in einer kleinen Öffnung verengt. Diese Öffnung ist der erfolgreich abgeschlossene Verkauf. Es lässt sich schon erkennen, dass es hierbei verschiedene Phasen gibt: So wie der Trichter enger wird, verändert sich auch der Aufbau des Funnels vom Einlass bis nach unten.

Der gesamte Sinn eines Funnels ist es, vom Erstkontakt bis zum Verkauf nichts dem Zufall zu überlassen. Der gesamte Weg des potentiellen Käufers kann nachverfolgt und optimiert werden – und funktionierende Wege lassen sich skalieren. Damit ist Funnel-Marketing eine der logischen Konsequenzen aus den Besonderheiten des Online-Verkaufs, die ich weiter oben erklärt habe: Traffic ist nur so viel wert, wie er qualifiziert wurde. Wichtig ist für uns, wie viel Geld Kunden bei uns ausgeben – und wie viel wir dafür ausgeben müssen, sie zu Kunden werden zu lassen.

Am besten schauen wir uns gleich im Detail an, wie so ein Funnel aufgebaut ist:

Der Aufbau eines Funnels

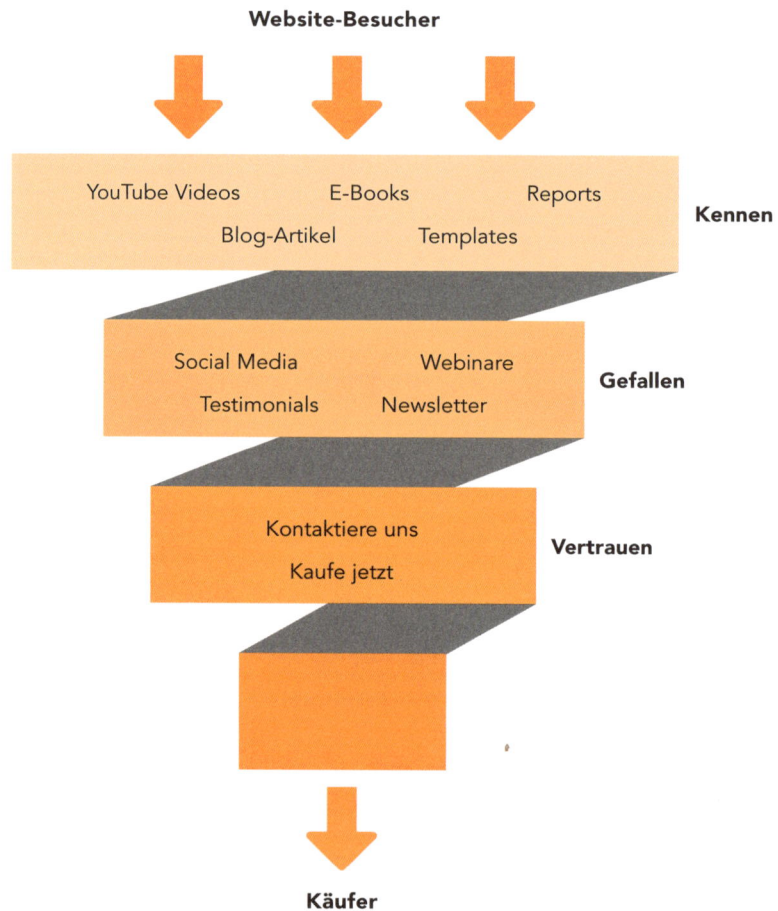

Wie der Funnel am Ende genau aufgebaut ist, hängt von all den konkreten Fakten des Projektes ab, das heißt: Was wird verkauft, welche Zielgruppe wird adressiert, wie sieht der Markt aus und in welchem Umfeld wird geworben?

Es gibt allerdings drei Schritte, die in dieser Reihenfolge in jedem erfolgreichen Funnel vorkommen. Diese drei Schritte erkläre ich nun zunächst im Detail. Anschließend zeige ich an konkreten Beispielen, wie ein Funnel in der Praxis aussehen kann. Dabei gehe ich noch einmal genauer darauf ein, warum in den einzelnen Schritten die gewählten Maßnahmen eingesetzt werden.

a) Erster Schritt: Das Füllen des Trichters

Im ersten Schritt geht es darum, überhaupt erst einmal potentielle Kunden in unseren Funnel zu bekommen. In einem klassischen Ladengeschäft würde das in etwa den Weg von der Werbeanzeige oder der Schaufensterdekoration bis zum Kunden mit dem Produkt an der Kasse bedeuten. Dabei sehen wir Menschen, die zwar interessiert ins Schaufenster schauen, aber dann weitergehen. Andere kommen herein, stöbern ein wenig und verlassen dann den Laden, ohne etwas gekauft zu haben. Vielleicht sprechen wir sie aber auch an und finden heraus, was der Kunde sucht und in welcher Preisklasse er sucht. Wieder andere Kunden sind Stammkunden, die gezielt etwas Bestimmtes kaufen – und sich vielleicht noch von einem kleinen zusätzlichen Angebot überzeugen lassen. Zum Abschied bekommt der Kunde vielleicht noch eine Treuemarke oder einen Wartungsgutschein, damit er wiederkommt.

Auch beim Verkauf im Internet stehen wir verschiedenen Arten von Zielgruppen gegenüber. Diese werden im Online-Marketing oft in heiß, warm und kalt unterteilt:

- Eine heiße Zielgruppe kennt das Produkt und die Marke und ist daran interessiert – sie braucht nur noch ein passendes Angebot.

- Eine warme Zielgruppe kennt grundsätzlich das Produkt und seinen Nutzen – sie kennt aber das konkrete Produkt, das wir verkaufen, noch nicht. Sie kann aber auch recht konkret angesprochen werden.

- Die kalte Zielgruppe ist sowohl die größte als auch die schwierigste Gruppe, da sie weder mit dem Produkt noch mit seinem Nutzen vertraut ist. Diese Kunden sollten mit mehr Aufwand abgeholt werden, z. B. indem zunächst ein Problembewusstsein (Problem Awareness) geschaffen wird, bevor das Produkt als Lösung vorgeschlagen wird.

Hieran lässt sich schon erkennen, dass die verschiedenen Zielgruppen unterschiedlich angesprochen werden müssen, da sie auf ganz unterschiedliche Argumente reagieren. Auf die heiße Zielgruppe können wir direkt mit einem Angebot zugehen – die Chance ist groß, dass schnell viele Verkäufe entstehen. In der Regel besteht diese Zielgruppe ohnehin aus unserer Stammkundschaft und kann gezielt über Newsletter-E-Mails kontaktiert werden. Die warme Zielgruppe müssen wir etwas vorbereiten. Sehr erfolgversprechend ist es, wenn jemand, dem diese Personen bereits vertrauen, also dessen Kunden sie bspw. sind oder der einen hohen Status in ihrem Leben einnimmt, ihnen das Produkt anpreist. Referrals oder andere vertrauensfördernde Maßnahmen können hier hilfreich sein. Dementsprechend sprechen wir diese Zielgruppe idealerweise über Netzwerke an.

Am schwierigsten, aber auch lohnenswertesten ist es, kalte Zielgruppen anzusprechen und sozusagen für unser Produkt zu erwärmen. Um dabei erfolgreich vorzugehen, hilft es, sich in die Situation dieser Zielgruppe zu versetzen. Dabei fallen schon einige Dinge auf:

1. Die Zielgruppe ist sehr heterogen.

2. Die Zielgruppe ist vom Problem unterschiedlich betroffen.

3. Die Zielgruppe ist am Produkt unterschiedlich interessiert.

4. Die Zielgruppe ist sich des Problems und der Lösung (also unserem Produkt) nicht bewusst.

5. Die Zielgruppe hat unterschiedliche Probleme.

6. Die Zielgruppe reagiert auf unterschiedliche Argumente.

Es zeigt sich also, dass eine einzelne Lösung hier nicht ideal ist. Diese Zielgruppe wird üblicherweise über PPC-Werbemaßnahmen, z. B. bei Facebook, bei Google oder in Display-Netzwerken, angesprochen. Dabei bestehen sehr gute Differenzierungsmöglichkeiten. Auf diese Werbeformen gehen ich später noch im Detail ein. Dann wird auch noch deutlicher, wie wichtig die differenzierte und gezielte Ansprache der kalten Zielgruppe ist.

Momentan halten wir erst einmal fest: Die kalte Zielgruppe benötigt gute Strategien – birgt aber auch enormes Potenzial. Außerdem müssen wir diese Zielgruppe am meisten überzeugen. Das geschieht in der Regel nicht, indem wir sie direkt mit dem Angebot konfrontieren. So wie ein Ladenschaufenster mit aufwändiger Dekoration die Laufkundschaft einfängt und in eine auf die Produkte gerichtete Stimmung bringt, müssen wir den Traffic einfangen und in die richtige Stimmung bringen.

Daher wird die kalte Zielgruppe üblicherweise zuerst mit einem Problem angesprochen, für das das Produkt die richtige Lösung ist. Ein Business-Coaching könnte man dann z. B. statt mit inhaltlichen Details mit der Aussicht auf Erfolg und Verbesserungen in bestimmten Lebensbereichen bewerben. Meiner Erfahrung nach kann man die Umsätze drastisch steigern, wenn man hier sorgfältig und mit der richtigen Strategie vorgeht!

Hier spielt auch die Landingpage eine große Rolle, denn die Landingpage stellt oft den Übergang von der Anzeige zum tatsächlichen Verkauf dar: Während die Anzeige, z. B. mit einem Bild und einer kurzen Ad Copy oder mit einem Video, das Interesse geweckt hat, soll die Landingpage dieses Interesse nun in eine Handlung umwandeln.

Ich habe ja bereits erwähnt, dass es verschiedene mögliche Ziele für Landingpages gibt. So kann auch an dieser Stelle eine Landingpage entweder direkt auf einen Verkauf oder eine Anfrage abzielen – oder erst einmal nur Inhalte verbreiten oder Leads der Kategorien A oder B generieren. Insbesondere wenn der Weg vom Problem zum Produkt lang und erklärungsbedürftig ist, kann dies eine sinnvolle Strategie sein.

Heiße Zielgruppe

▸ kennt das Produkt und die Marke

▸ braucht nur passendes Angebot

Warme Zielgruppe

▸ kennt grundsätzlich das Produkt und den Nutzen

▸ das konkrete Produkt kennt der Kunde nicht

▸ „warme Kunden" können relativ konkret angesprochen werden

Kalte Zielgruppe

▸ größte und schwierigste Zielgruppe

▸ weder mit dem Produkt noch mit dem Nutzen vertraut

▸ „kalte Kunden" müssen mit mehr Aufwand abgeholt werden

▸ Beispiel: Zunächst wird Problem Awareness geschaffen, dann mit Produkt die Lösung geliefert

Damit ist die Landingpage auch unser Bindeglied zum zweiten Schritt: Nun sammeln wir in dem Trichter Subscriber und Verkäufer, erhitzen unseren Traffic sozusagen in jedem Schritt etwas. Außerdem werden im zweiten Schritt Vielkäufer identifiziert.

b) Zweiter Schritt: Verengen im Trichter

Der zweite Schritt findet schon mitten im Trichter statt. Er besteht hauptsächlich daraus, den Traffic zu konvertieren, das bedeutet, aus Klicks Leads und Käufe zu machen. Wenn wir die Klicks auf eine Landingpage leiten, die nichts mit dem Thema der Anzeige zu tun hat, oder wenn wir auf der Landingpage nicht überzeugen, dann verlieren wir an dieser Stelle möglichen Umsatz.

Wenn wir aber an dieser Stelle mit der richtigen, auf die Zielgruppe, das Produkt und den Markt abgestimmten Strategie vorgehen, dann können wir mühelos ständig neuen Umsatz generieren. Und zwar Tag und Nacht, an sieben Tagen in der Woche. Die Landingpage übernimmt dann die Arbeit für uns.

Das Ziel im zweiten Schritt lautet, Leads zu sammeln, Verkäufe zu erzielen und bei den Verkäufen mit gut geplanten Up- und Downsell-Möglichkeiten möglichst viel Umsatz zu generieren. Hierfür müssen wir uns die verschiedenen Traffic-Ströme bewusst machen, die aus den verschiedenen Kampagnen entstehen. Die nach demographischen Merkmalen unterteilte kalte Zielgruppe wurde ja mit unterschiedlichen Problemstellungen abgeholt – diese müssen nun auf der Landingpage stringent fortgesetzt werden.

Ich möchte im folgenden Teil noch mal die Up- und Downsell-Optionen genauer erklären. Upselling ist die Taktik, mit der versucht wird, dem Kunden entweder das teurere (bessere, neuere etc.) Produkt derselben Kategorie zu verkaufen, oder mit der ein weiteres Produkt zu der bereits gekauften Leistung angeboten wird – ein Upgrade also, sofern es das Produkt zulässt. Downselling verhält sich dazu konträr. Wenn ein Kunde nicht kauft, dann wird versucht, ihm ein kostengünstigeres Produkt oder eine daran angelehnte, vergleichbare Leistung angeboten, die wesentlich weniger kostet und möglicherweise auch weniger Commitment bedeutet.

Ich versuche mal, das an einem etwas vereinfachten Beispiel zu erklären: Nehmen wir an, wir haben einen Online-Shop für Küchenartikel. Wir wollen Kochautomaten verkaufen, also haben wir in einer Kampagne die Themen gesundes Essen und Zeit für die Familie thematisiert. Auf einer Landingpage haben wir nun Traffic, der durch die Kampagne für diese Themen sensibilisiert wurde und sich offenbar dafür interessiert. Mit diesem Wissen können wir auf der Landingpage z. B. ein Rezeptbuch mit gesunden Gerichten kostenlos gegen Versandkosten anbieten. Erfahrungsgemäß werden solche Angebote gern angenommen. In einem direkt darauf folgenden zweiten Schritt kann dann die Küchenmaschine angeboten werden. Der Verkauf der Küchenmaschine kann aber auch über einen Newsletter an die so gesammelten Leads erfolgen. Außerdem können wir neben der Küchenmaschine noch Zubehör und andere Küchenartikel als Up- und Downsell-Optionen anbieten und so den Umsatz zusätzlich ankurbeln.

Was ist nun aber der Sinn dieser Schritte? Indem wir frühzeitig die E-Mail-Adressen potentieller Kunden einsammeln und potentielle Käufer identifizieren, engen wir den Trichter weiter ein. Und zwar im Hinblick auf die für uns aussichtsreichsten Adressaten. Die Kunden werden wiederum gezielt in Richtung des Verkaufs gelenkt. Außerdem haben wir nun ihre E-Mail-Adressen und können sie somit einfach und kostengünstig und ohne große Umwege selbst ansprechen. Zudem erfolgt in diesem Schritt der Verkauf, der natürlich das Ziel des Trichters ist.

Wie jeder Trichter ist aber auch unser Funnel an dieser Stelle noch nicht zu Ende. Die meisten Trichter haben unten noch ein längliches Stück, über das sich die nun sehr verengte Füllung direkt dorthin leiten lässt, wo man sie haben will. Dieser Teil ist der dritte Schritt des erfolgreichen Funnel-Marketings.

c) Dritter Schritt: Den sorgfältig gefunnelten Traffic nutzen

Im dritten Schritt befinden wir uns in einer äußerst komfortablen Lage, wenn wir einmal an die Situation am Anfang des Funnels zurückdenken. Dort herrschte noch ein großes Chaos, und wir mussten versuchen, die riesigen, vielfältigen Traffic-Ströme im Internet anzuzapfen. Jetzt ist alles geordnet und dokumentiert: Wir verfügen über Listen mit Interessenten und Kunden, und wir wissen bereits etwas über diese Personen. Die Kampagnen und Landingpages sind optimiert, sodass möglichst viel Traffic konvertiert und unsere Listen mit guten und aktiven Kunden stetig anwachsen. Dies ist der Fall, wenn wir alles optimal eingestellt haben, ohne dass wir noch viel dafür tun müssen!

Deshalb können wir uns nun voll und ganz auf den dritten Schritt konzentrieren. In diesem Schritt versuchen wir, die Kunden an uns zu binden und möglichst in der Hierarchie der Kundentypen aufsteigen zu lassen. Die Vorteile von Customer Lifetime Management habe ich bereits weiter oben erwähnt. An dieser Stelle sollten alle verfügbaren Mittel greifen, die auf eine dauerhafte Maximierung des Kundenwertes einwirken.

Doch es gibt noch eine andere Möglichkeit an dieser Stelle. Denn wir sprechen eine heiße Zielgruppe an, bei der die Wahrscheinlichkeit für eine positive Resonanz deutlich höher ist als bei einer kalten Zielgruppe. Wer besonders hochpreisige Angebote verkaufen will, der ist bei dieser Zielgruppe erfahrungsgemäß deutlich erfolgreicher als bei anderen Zielgruppen.

Im dritten Schritt können kleinere Funnels gezielt eingesetzt werden, um Kunden zum erneuten Einkauf zu bewegen und in der Hierarchie aufsteigen zu lassen. Es gibt nämlich, das habe ich bisher ausgeklammert, neben diesem großen Funnel noch eine Vielzahl kleinerer Funnels. Diese können jeweils in Zwischenschritte oder in andere Elemente eingebaut werden. Ein Beispiel dafür ist die Unternehmens-Website bzw. der Online-Shop: Häufig wird hier nur nach Optik gestaltet. Aber auch Websites und Landingpages können als Funnels gestaltet werden, die den Kunden gezielt lenken. Ein wesentliches Merkmal bleibt dabei allerdings immer gleich: Nach oben hin ist der Funnel möglichst breit geöffnet, um viel Traffic hereinzulassen. Anschließend verengt er sich gezielt, um am Ende auf den Verkauf und maximierten Kundenwert zu führen.

Um noch einmal auf das vorherige Kapitel zurückzukommen: Wenn alle Funnels korrekt in Stellung gebracht sind, können wir anfangen, Kunden zu kaufen. Denn nun wissen wir mehr über die Kunden, die tatsächlich für Produkte Geld ausgeben. Dieses Wissen können wir nutzen, um gezielt mehr dieser Kunden anzusprechen. Wir wissen, wer diese Kunden sind – und was sie interessiert. Wenn wir die relevanten Traffic-Quellen anzapfen – z. B. mit Lookalike Audiences –, dann wird auch ein größerer Anteil unseres Traffics konvertieren. Wir können dann analysieren, wie viel wir für einen Kunden mit dem gewünschten Wert bezahlen – und die optimierten Kampagnen entsprechend skalieren.

Beispiele für verschiedene Funnels

Die folgenden Übersichten schaffen erst einmal einen groben Überblick darüber, welche unterschiedlichen Funnel-Arten es gibt – selbstverständlich gibt es noch viele mehr, die wir aber nicht im Detail betrachten werden, da wir uns ja mit Traffic beschäftigen wollen.

Beispiel 1: Online-Shop

Ein Online-Shop ist dem klassischen Einzelhandel noch am nächsten – dennoch finden sich im Online-Verkauf einige typische Merkmale, die wir beachten müssen. Insgesamt lassen sich aber Online-Shop und klassischer Einzelhandel recht gut vergleichen, weshalb ich mit einem Beispiel aus dem Online-Handel beginne.

Im ersten Schritt wollen wir, wie bereits gezeigt, möglichst viel Traffic einfangen. Wir haben auch gesehen, dass der Traffic unterschiedliche Temperaturen hat, was für uns bedeutet: Es gibt Kunden, die sich bereits für vergleichbare Produkte wie die, die wir anbieten, interessieren. Und andere kennen diese Produkte vielleicht noch nicht, wären aber interessiert, wenn sie sie kennen würden.

Also brauchen wir mindestens zwei verschiedene Kampagnen. Mit der ersten Kampagne zielen wir direkt auf Leute ab, die bereits interessiert sind. Wie dies genau passiert, erläutere ich noch in den Teilen B, C und D. Grundsätzlich können für diese Zielgruppe möglichst konkrete Produkte beworben werden – auch in Zusammenhang mit Sonderangeboten. Im nächsten Schritt leiten wir sie direkt auf ein Angebot. Der Online-Shop ist aber wie ein Funnel aufgebaut: Er bietet also im Bestellverlauf Up- und Downsell-Optionen, und der Kunde wird gebeten, seine E-Mail-Adresse zu hinterlassen. Dafür bietet sich ein Pop-up an, das den Kunden, bevor er die Inhalte des Shops sehen kann, zur Eingabe seiner E-Mail-Adresse auffordert – ein sogenanntes Opt-in-Pop-up.

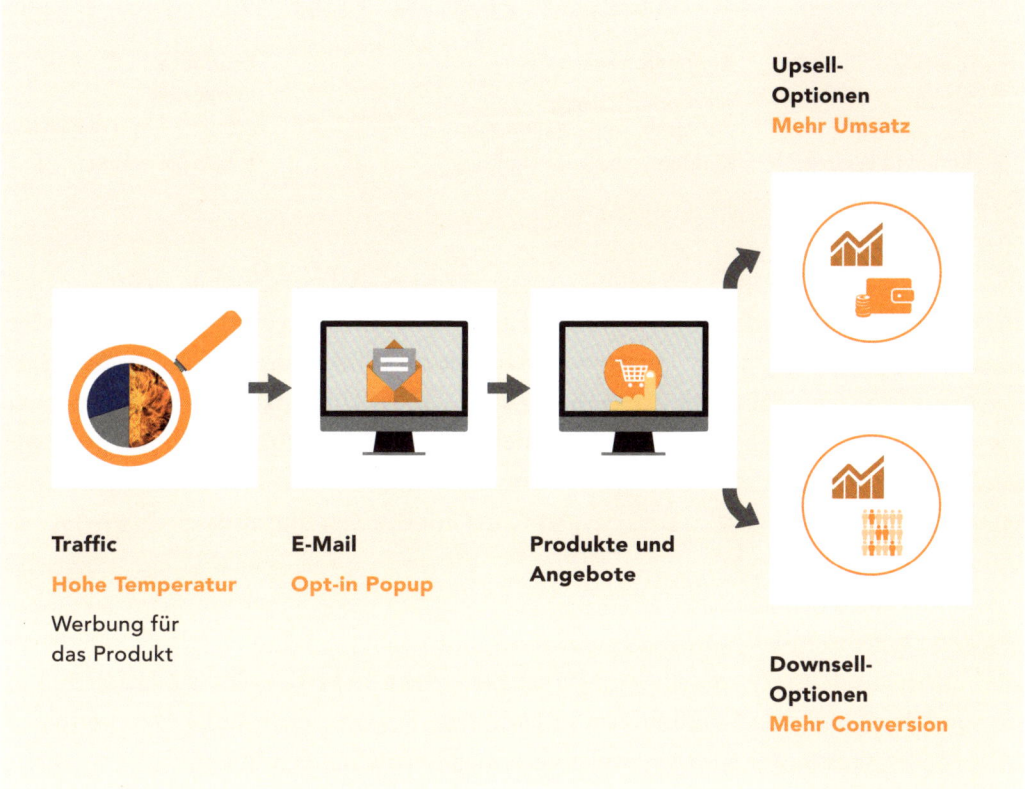

Die zweite Kampagne ist etwas komplizierter. Hier geht es darum, Traffic von Personen zu generieren, die sich erst einmal nicht für das Produkt interessieren. Wir betrachten also nicht das Produkt, sondern den Wert einer Lösung für ein Problem des Kunden. Das Produkt wird also zunächst indirekt beworben. Bei einem Online-Shop für Sportschuhe könnte man Videos oder Artikel über Sportler und Sportarten nutzen, um Traffic zu generieren. Am Ende des Videos oder auf einer zwischengeschalteten Landingpage wird dann auf konkrete Sportschuhangebote geleitet.

Traffic   **Kundennutzen**   **Produkte**
                                                                             erwähnen
Niedrige   Wert oder Lösung
Temperatur   für ein Problem des
indirekte Werbung/   Kunden   **Interesse wecken**
informieren
unterhalten

In beiden Fällen beobachten wir über den Facebook-Pixel, Google Analytics und andere
Maßnahmen, wie der Traffic konvertiert. Mit diesem Wissen justieren wir nach, bis die
CPA deutlich unter dem EPA liegen. Kampagnen, die nicht funktionieren, schalten wir
ab, während wir Kampagnen, die funktionieren, skalieren. Wichtig ist allerdings zu wissen, dass sich auch gut funktionierende Kampagnen irgendwann totlaufen: Die Betrachter werden des Anzeigenbilds und der Ad Copy mit der Zeit überdrüssig. Auch das sollten wir genau beobachten!

Während wir also Schritt 1 und 2 immer wieder durchlaufen, sammeln wir Kontakte von
zahlreichen Kunden. Damit sind wir bereit für Schritt 3: die Kunden dauerhaft zu binden und ihre Customer Lifetime Value zu erhöhen. Hierfür lassen sich z. B. unterschiedliche Mailing-Listen für Kunden mit unterschiedlichem Status nutzen:

- Kunden mit Status 1 erhalten regelmäßig hochpreisige Angebote. Als VIP-Kunden sind sie für diese Produkte die wahrscheinlichsten Käufer.

- Kunden mit Status 2 können mit gezielten Angeboten und Aktionen dazu gebracht werden, zum VIP-Kunden aufzusteigen.

- Kunden mit Status 3 können mit verschiedenen Angeboten dazu gebracht werden, erneut oder immer wieder im Shop zu bestellen. Hilfreich sind hier z. B. Angebote, die direkt auf ihre bisherigen Käufe zugeschnitten sind.

So maximieren wir in Schritt 3 gezielt den Wert einzelner Kunden, während in den Schritten 1 und 2 weiterhin neue Kunden in den Online-Shop geleitet werden.

Beispiel 2: Dienstleistungssektor

Im Dienstleistungsbereich funktioniert das Online-Geschäft etwas anders – hier wird kein Produkt im klassischen Sinne verkauft, sondern ein komplettes Paket, das durch seinen Umfang und Aufbau Dienstleistungscharakter annimmt. Online-Dienstleistungsangebote sind vor allem Coachings, bspw. zum Thema Abnehmen oder zum Thema Selbstverwirklichung. Diese werden meist als digitale Infoprodukte angeboten. Das bedeutet, dass der Käufer Zugang zu einem Online-Mitgliederbereich erhält, in dem er Zugriff auf einen Videokurs und ggf. zusätzliche Materialien hat.

Ansonsten kann man hier zunächst einmal ähnlich vorgehen wie beim Verkauf von physischen Produkten über das Internet. Der Hauptunterschied ist, dass das Ziel des Funnels nicht ein Kauf im Shop ist, sondern eine Kundenanfrage, die bei uns eingeht.

Wir beginnen also wieder mit Schritt 1, dem Einfüllen in den Trichter. Da es sich um ein Online-Dienstleistungsangebot handelt, ist eine lokal Begrenzung nicht sinnvoll, denn wir wollen ja so viele Leads wie möglich sammeln. Coachings oder andere Dienstleistungen von bekannten Experten sind meist überregional interessant. Ansonsten sehen wir uns wieder dem unterschiedlich temperierten Traffic gegenüber. Also passen wir unsere Kampagnen dementsprechend an.

Der größte Fehler in diesem Bereich ist, den Traffic einfach auf die Website des Dienstleistungsanbieters weiterzuleiten. Diese ist oft wie eine Visitenkarte gestaltet oder für Suchmaschinen opimiert, aber in der Regel nicht als Funnel gestaltet. Sinnvoller ist es, den Traffic auf eine Landinpage zu leiten, die weitere Argumente und Anreize für eine Anfrage liefert. An dieser Stelle kann man auch ein kostenloses Give-away anbieten – im Tausch gegen die E-Mail-Adresse. Detaillierte Erläuterungen zu den Skalierungsregeln finden sich im Teil B.

Typisch sind auch Squeeze Pages, auf denen der Kunde persönliche Angaben macht und seine E-Mail-Adresse eingibt und ein kostenloses Angebot anfordert. So erhalten Sie nicht nur seinen Kontakt, sondern auch zahlreiche Informationen über den Kunden. Außerdem können Sie so die Verkaufsumgebung ändern und den Kunden direkt und individuell ansprechen. In einigen Branchen ist es auch üblich, dass der Kunde einen kostenlosen Rückruf anfordern kann. In diesem Umfeld lassen sich die Bedürfnisse noch einfacher identifizieren und auch hochpreisige Angebote platzieren.

So erhalten wir neben den Anfragen auch zahlreiche Leads, die wir dann mit speziellen Angeboten weiter ansprechen können. Es ist auch empfehlenswert, direkt an die Anfragen ergänzende Angebote anzuknüpfen. So kann der Umsatz in der Regel schon deutlich gesteigert werden! Außerdem sollten wir unsere Kunden ähnlich segmentieren und weiter ansprechen wie im Online-Shop. Auch hier lohnt es sich vor allem, VIP-Kunden zu identifizieren und ihnen gezielt Treueangebote und hochpreisige Angebote zu unterbreiten.

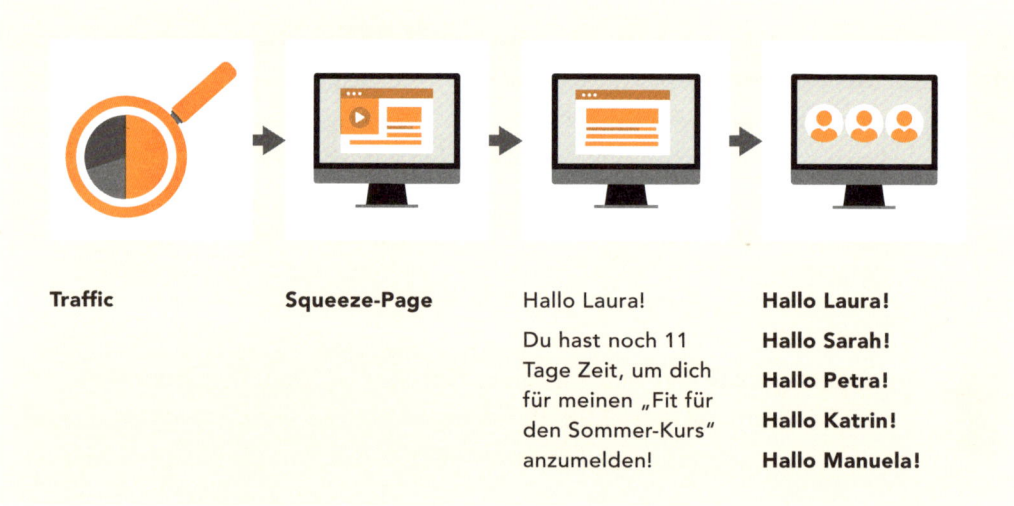

Digitale Dienstleistungen sind allerdings nicht mit dem lokalen Friseurbesuch gleichzusetzen. Eine digitale Dienstleistung kann klar und ganz eindeutig skaliert werden. Wenn bspw. ein Online-Abnehmkurs verkauft wird, dann kann dieser durch die Werbeausgaben und -einnahmen skaliert und beeinflusst werden. Dieser Abnehmkurs stellt eine digitale Dienstleistung dar, denn der Kunde kauft im Grunde kein Produkt, sondern investiert in ein komplettes Paket, das zwar mit einem Produkt verbunden werden kann, im Falle des Abnehm-Coachings z. B. mit einem Rezeptbuch, aber grundsätzlich geht die angebotene Leistung über die eines einfachen Produktes hinaus und ist deshalb mit einer Dienstleistung vergleichbar. Etwa 90 % der Dienstleistung werden digital vermittelt. So können bspw. Zoom-Sessions mit mehr als 90 Teilnehmern stattfinden, die hervorragend zu skalieren sind. Daher ist das Bestreben groß, digital basierte Dienstleistungen weitestmöglich zu automatisieren. Diese Automatisierung stellt für die klassische Dienstleistung die größte Einschränkung dar, ist aber genau aus diesem Grund für das digitale Online-Marketing eine besondere Herausforderung.

Beispiel 3: Verkaufs-Webinar

Auch Webinare, also Online-Kurse oder -seminare, können hervorragend in einen Funnel eingebunden werden. Solche Kurse können zu sehr vielen verschiedenen Themen angeboten werden: Lebenshilfe, Geld und Erfolg, Ernährung sowie Partnersuche sind nur einige der möglichen Bereiche. Ein gutes, erfolgreiches Webinar muss man sich etwa so vorstellen, wie die Weiterbildungen für Ärzte, die von Pharmaunternehmen angeboten werden:

- Der Teilnehmer muss einen inhaltlichen Mehrwert erhalten bzw. etwas lernen.
- Der Teilnehmer muss attraktive Goodies/kostenlose Extras erhalten.
- Der Teilnehmer soll dem Angebot gegenüber positiv gestimmt werden.

Wird die richtige Mischung gefunden, dann wird man in der Regel auch immer Teilnehmer für das Seminar finden und am Ende auf gute Verkaufszahlen blicken. Der Vorteil eines Webinars ist: Man kann Aufzeichnungen davon immer wieder ansehen, und so können mit einem einmal aufgezeichneten Kurs über eine längere Zeit weitere Verkäufe generiert werden.

Auf verschiedenen Internetseiten und Blogs verrät Russel Brunson, der Unternehmer und Entwickler der Online-Software „Clickfunnels", verschiedene Tipps und Hacks und bereitet verschiedene Inhalte zu den Themen Webinar und Funnel-Optimierung leicht verständlich und kreativ auf. Russel Brunson hat sich durch jahrelange Erfahrung zum absoluten Experten für Copy und Webinare entwickelt und mit seinem „Perfect Webinar"-Script weltweit sehr viele Marketer erreicht und dadurch große Bekanntheit erlangt.

Traffic

Willkommen zum Webinar XYZ: Trage bitte deine Daten ein, um zu beginnen und XYZ zu lernen!

Als Zuschauer dieses Webinares biete ich dir nur heute meinen Onlinekurs XYZ zum halben Preis an!

Während das Webinar hier selbst einen verengenden, auf den Kauf hinführenden Teil unseres Trichters darstellt, sollten wir vor allem auf die darum herum liegenden Teile einen genauen Blick werfen. Zunächst auf den Teil, an dem der Traffic einströmen soll. Auch hier müssen wir wieder mit verschiedenen Temperaturen bei der Zielgruppe rechnen. Vor allem wenn wir ein kostenloses Webinar anbieten, dürfte die Ansprache auch der kalten Zielgruppen erst einmal recht einfach ablaufen. Wichtig ist aber, die wirklich interessierten potentiellen Kunden zu identifizieren. Das kann z. B. dadurch geschehen, dass man sich zunächst durch das Hinterlassen der E-Mail-Adresse für das Webinar anmelden muss.

Beispiel 4: Verkaufsvideo mit Bestellmöglichkeit (Video-Salesletter, in den USA verbreitet)

Auch Video-Salesletter (VSL, engl. für Verkaufsvideos) kommen im Funnel zum Tragen. Dieses Format ist besonders in den USA weitverbreitet und wird dort gern genutzt, da es hierdurch mit relativ wenig Aufwand möglich ist, wiederholt Verkäufe zu generieren.

Ein VSL ist quasi die Videoform eines klassichen, langen Verkaufstextes, der früher sehr stark im Direkt-Marketing eingesetzt wurde und bis heute noch in diesem Bereich Verwendung findet. Der VSL hat also historische Wurzeln und eignet sich in der Regel besonders gut für den Verkauf von Impulsprodukten, wie Kosmetika, Nahrungsergänzungsmittel, Bücher oder verschiedenste Kurse. Der VSL wird bevorzugt im Niedrigpreissegment eingesetzt, mit einer Verkaufsspanne von ungefähr 19 bis 99 €. Verkaufsvideos funktionieren ähnlich wie Webinare: Dem Zuschauer werden zu Beginn allgemeine Informationen zur Problematik gegeben, das heißt, seine Problem Awareness wird geschärft. Danach leitet man zu Lösungsansätzen über, um dem Zuschauer einen Mehrwert zu geben und die eigene Expertise zu untermauern. Am Ende folgt der Pitch – hier wird das Produkt als DIE Lösung des Zuschauerproblems vorgestellt.

Das Ganze ist vergleichbar mit einer Anmeldung im Fitness-Studio: Das Problem des Kunden wird genau analysiert, und dementsprechend erhält er Tipps. Möchte er Muskeln aufbauen, verrät man ihm, mit welchen Übungen ihm das am schnellsten gelingt.

Möchte er Gewicht verlieren, sagt man ihm, dass er dazu sowohl Cardio- als auch Kraft-übungen benötigt. Wenn er dann Genaueres erfahren möchte, gibt man ihm die Möglichkeit, einen individuell für ihn erstellen Trainingsplan zu kaufen.

Wichtig hierbei ist also nicht nur, dass das Produkt am Ende den Kunden anspricht. Es ist ebenfalls essentiell, dass man vor dem Pitch schon wertvolle Informationen mit dem Kunden teilt, sodass er das Gefühl hat, dass die Zeit, die er in das Anschauen des VSLs investiert hat, auch wirklich gut investiert war.

Im Funnel übernimmt der VSL eine tragende Rolle: Wer sich nicht für das Thema interessiert, schließt das Video bereits nach kurzer Zeit. Wer aber bis zum Pitch dranbleibt, interessiert sich mit großer Wahrscheinlichkeit für das Thema und wird dem Produkt offener gegenüberstehen.

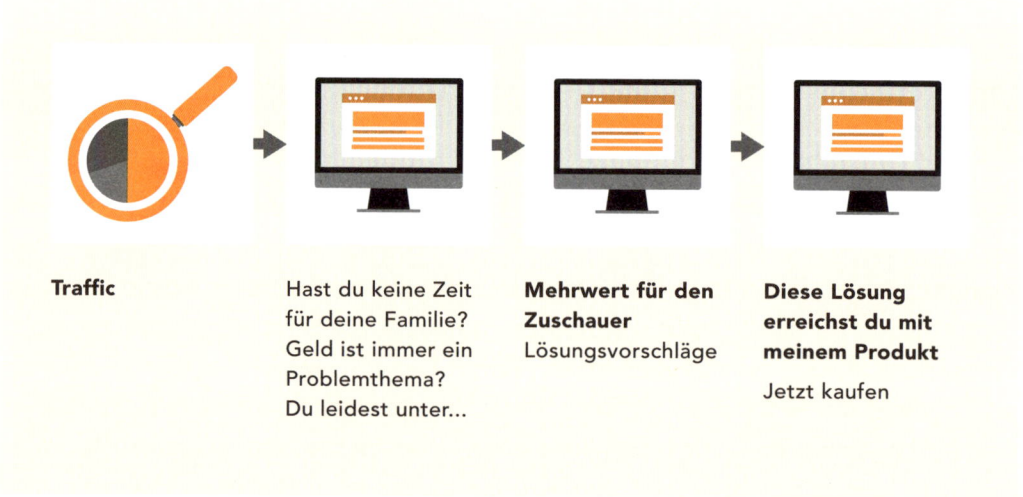

Traffic

Hast du keine Zeit für deine Familie? Geld ist immer ein Problemthema? Du leidest unter...

Mehrwert für den Zuschauer
Lösungsvorschläge

Diese Lösung erreichst du mit meinem Produkt

Jetzt kaufen

Es ist kein Geheimnis, dass sich der Markt permanent verändert. Manchmal nur in minimalen Schritten und manchmal in ganzen Sprüngen. Genau deshalb ist es unumgänglich, sich stets auf dem Laufenden zu halten.

In einem bewegten Markt am Ball bleiben

Das Internet ist ein schnelllebiger Markt. Was heute noch funktioniert, kann sich morgen schon verändert haben: weil sich die Algorithmen bei Google oder Facebook ändern, weil sich Trends ändern, weil Mitbewerber ihre Produkte oder Strategien ändern oder weil irgendeine Innovation einen neuen Trend in Gang gesetzt hat. Auch eine erfolgreiche Werbekampagne funktioniert nicht ewig – irgendwann bricht der Traffic ein.

Dazu muss man beachten, dass es sich bei beim Internet um einen wachsenden Markt handelt: Der Online-Umsatz mit Produkten stieg laut der Studie „E-Commerce-Markt Deutschland 2017" von 2015 bis 2016 um etwa 12 % auf 27,4 Milliarden Euro. Bis zum Jahr 2020 hält das Institut für Handelsforschung sogar einen jährlichen Umsatz von fast 75 Milliarden Euro für realistisch. Diese Entwicklung spiegelt sich auch in der Werbung wider: Der Anteil der Online-Werbung am Marketing-Mix der Unternehmen steigt stetig an. Pricewaterhouse Coopers prognostiziert, dass die Online-Werbung weltweit den bisher von der TV-Werbung gehaltenen ersten Platz bis 2019 übernommen haben dürfte.

Im Agenturalltag erlebe ich immer wieder, wie wichtig es dabei ist, am Ball zu bleiben. Noch vor einigen Jahren waren Facebook-Advertising und Online-Funnel-Marketing für die meisten Marketing-Profis noch völlige Fremdwörter. Und nicht allzu lange davor war Werbung in sozialen Netzwerken oder Suchmaschinen noch unvorstellbar. Erinnern Sie sich noch an mein Beispiel vom Anfang des Buches, mit der 1-Million-Dollar-Website? Das hat auch nur genau ein einziges Mal so gut funktioniert.

Daher bilde ich mich und meine Mitarbeiter regelmäßig weiter. Ständig lernen und erproben wir neue Marketing- und Verkaufstechniken – immer mit dem Ziel, unseren Kunden die derzeit am besten funktionierenden Maßnahmen anbieten zu können. Wer selbst keine Agentur leitet, muss sicherlich nicht so viel Aufwand betreiben – einige Dinge gilt es aber dennoch zu beachten, um den Erfolg langfristig zu sichern.

a) Beachten Sie Produkttrends.

Wer im Frühjahr 2017 sogenannte Fidget Spinner verkauft hat, der hatte es sicher leichter als jemand, der diese im Herbst 2017 zu verkaufen versuchte. Wenn Sie dieses Buch 2018 oder 2019 lesen, dann wissen Sie vielleicht nicht einmal mehr, was ein Fidget Spinner überhaupt ist. Kurz gesagt: Viele Produkte sind sehr schnelllebig und lassen sich schon nach kurzer Zeit nicht mehr mit Gewinn verkaufen.

Darum mein Rat: Lesen Sie relevante Marketing-Blogs, besuchen Sie regelmäßig Seminare/Events und nutzen Sie Google Trends, um zu erfahren, was sich weiterentwickelt.

b) Beachten Sie Ihre Zielgruppe.

Einige Zielgruppen passen sich äußerst schnell neuen Gegebenheiten an, während andere Zielgruppen lange über denselben Kanal erreichbar bleiben. So haben einige junge Leute bereits Facebook den Rücken gekehrt und erproben neue soziale Netzwerke, während andere Menschen noch auf Jahre hinaus Facebook treu bleiben werden.

Was hier greift, ist das Prinzip der „Market Sophistication", das bedeutet: Auch der Konsument entwickelt sich permanent weiter. Ein gutes Beispiel dafür ist das folgende: Erst durch Smartphones und großflächiges schnelles Internet war ein Markt für Apps überhaupt möglich. Und mit der Verbesserung der Technologie verändert sich auch die Art und Weise, wie man vermarkten kann. Das Gleiche gilt für Online-Werbung: Menschen haben sich an klassische Banner gewöhnt und konsumieren stattdessen sehr viel Videowerbung. Aber auch das wird sich mit der Zeit weiterentwickeln.

c) Haben Sie immer alle Zahlen im Überblick.

So erkennen Sie schnell, wo sich etwas verändert – und können frühzeitig darauf reagieren. Wenn z. B. der Traffic aus einer Kampagne dramatisch einbricht, dann können sich entweder Algorithmen geändert haben oder Mitbewerber treiben mit aggressiven Kampagnen die Klickpreise in die Höhe.

Insgesamt ist es einfacher, eine Kampagne zu starten und erfolgreich zu sein, als eine Kampagne zu entwickeln, die über einen langen Zeitraum funktioniert. Es gibt eben sehr viele Einflussfaktoren, die man genau im Auge behalten muss, damit eine Kampagne nicht nur eine Woche lang erfolgreich verläuft. Grundsätzlich macht es also Sinn, dass man zumindest die wichtigsten Quoten immer im Blick behält:

- Wie häufig wurde meine Anzeige eingeblendet?

- Wie teuer ist meine Werbung gerade?

- Laufen die Anzeigen noch profitabel, oder ist der ROAS
  (= Return on Ad Spent) bereits signifikant gefallen?

d) Haben Sie keine Angst, eine Kampagne zu beenden.

Auch eine perfekte Kampagne läuft sich irgendwann tot. Um konsistent hohen Traffic und Umsatz sicherzustellen, sollten solche Kampagnen frühzeitig durch neue Kampagnen ersetzt werden.

Einer der häufigsten Fehler ist es, dass an einer Kampagne, die schon längst tot ist, noch viel zu lange weitergearbeitet wird. Man sollte sich eine klare Grenze setzen und dann die Kampagne beenden, denn sonst lässt man sich von Emotionen leiten. Das ist mir selbst auch schon so ergangen. Durch genau diesen Fehler hatte ich vierstellige Verluste, die ich hätte vermeiden können, wenn ich kühler und schneller reagiert hätte.

Wenn Sie diese vier Punkte beachten, dann sind Sie gut auf die verschiedenen Marktbewegungen vorbereitet.

Die richtige Strategie zur Entwicklung einer Werbekampagne

Nur zu wissen, wie ein Funnel funktioniert, bringt natürlich noch keine Kunden. Der Funnel muss, um Umsatz zu generieren, auch als Herzstück in eine komplette Werbekampagne eingebunden werden. Hierfür möchte ich nun noch einmal etwas theoretischer erklären, wie so eine Kampagne entwickelt und aufgebaut werden sollte. Im darauffolgenden Kapitel wird es dann wieder etwas praktischer – wenn ich erkläre, mit welcher Werbeform man am besten beginnt.

Die meisten Werbekampagnen, die wir in der Agentur zu Gesicht bekommen, sind von Anfang an unsauber aufgesetzt und haben keine klare Strategie. Es gibt einen klaren Unterschied zwischen Taktik und Strategie:

Die besten Strategen gewinnen im Online-Marketing. Je strategischer und besser durchdacht die gesamte Werbekampagne entwickelt wurde, desto einfacher ist es anschließend, damit erfolgreich zu werden.

Wer bis hierher aufmerksam gelesen hat, der wird es schon vermuten: Für einen funktionierenden Funnel benötigen wir ein datengestütztes Konzept. Das klingt jetzt an dieser Stelle völlig logisch – tatsächlich haben aber viele Werbetreibende kein datengestütztes Konzept. Das heißt, dass Werbeanzeigen geschaltet und bezahlt werden, ohne dass klar wird, wie viele Kunden und wie viel Umsatz generiert werden. Außer bei reinen Branding- oder Image-Kampagnen, die nicht direkt auf Umsatz abzielen, haben wir die Kennzahlen immer genau im Blick und entscheiden auf dieser Grundlage.

Daraus ergeben sich schon die ersten drei fundamentalen Grundregeln für jede Werbekampagne:

a) Mit Tracking sämtliche Bewegungen vollständig abdecken.
Nur so kann man feststellen, ob eine Kampagne erfolgreich ist, und die Details sinnvoll optimieren.

b) Nach CPA und EPA richten.
Nach diesen beiden Werten wird die Kampagne justiert. Traffic und Klickzahlen sind nur so viel wert, wie sie konvertieren. Das wird in diesen beiden Kennzahlen festgehalten.

c) Heiße und kalte Zielgruppen unterscheiden.
Üblicherweise ist es am einfachsten, mit den heißen Zielgruppen zu beginnen und dann für kalte Zielgruppen Brücken zu bauen.

Die oben geschilderten Effekte auf die Conversion treten nur dann ein, wenn alle drei Regeln gleichermaßen beachtet werden. Außerdem sind wir nur dann in der Lage, die Performance jedes einzelnen Schrittes zu erkennen und die Kampagne dementsprechend umzustellen oder zu skalieren.

Einfach ausgedrückt, lässt sich festhalten, dass die Strategie für jede Kampagne lauten sollte: Verstehen Sie, was die Kunden machen, was Sie dafür bezahlen (Werbekosten) und wie viel Sie dabei einnehmen (Umsatz). Dieses Wissen ist die Basis für Ihre Kampagne. Ohne dieses Wissen unterscheidet sich Ihre Kampagne nicht wesentlich von einer Annonce in einer Zeitung.

Ihre Kampagnenstruktur sollte, das zeigt meine Erfahrung, immer nach diesen Schwerpunkten aufgebaut sein:

a) Zeitplan und Ablauf

Dieser Teil sollte sorgfältig geplant werden. Dabei sollte zunächst geschaut werden, welche Werbeformen man nutzt und welcher Bedarf sich daraus ergibt: Werden Ad Copies, Landingpages, Visuals, Videos oder Ähnliches gebraucht? Wie lange dauert es, diese zu produzieren? Außerdem sollte man sich überlegen, wie lange man Kampagnen laufen lassen möchte und ab wann Nachfolgekampagnen mit anderen Texten oder Bildern geschaltet werden.

Wenn man den Ablauf plant, dann sollte man sich auch an den Schritten des Funnels orientieren. Jede Maßnahme hat ihren festen Platz im zeitlichen Ablauf, da sie sich aus anderen Schritten ergibt und für nachfolgende Schritte die Voraussetzung ist. Deshalb sollten Sie an dieser Stelle nichts dem Zufall überlassen und den Zeitplan möglichst detailliert vorbereiten.

b) Werbebudget

Die gesamte Planung hängt davon ab, welches Werbebudget Ihnen zur Verfügung steht. Laufzeiten, Reichweiten und auch der mögliche Aufwand bei der Erstellung eines Funnels werden durch den Rahmen Ihres Budgets begrenzt. Deshalb ist es umso wichtiger, rechtzeitig das Kampagnenbudget zu definieren und sich dann danach zu richten.

Da am Anfang der Werbekampagne der Schwerpunkt darauf liegt, Daten zu sammeln und zu testen, ist das Budget für die Testkampagne nur selten ROI-positiv. Einen positiven ROI (Return on Investment) erhalten Sie dann in der zweiten Phase, in der die Testergebnisse in die Kampagnengestaltung einfließen. Dann ist – in anderen Worten – der EPA höher als die CPA. Ein stark begrenztes Werbebudget begrenzt natürlich auch die Testmöglichkeiten am Anfang. Später, bei einem positiven ROI, kann das Budget schrittweise erhöht werden, ohne dass Ihnen tatsächlich Kosten entstehen, denn durch den hohen EPA-Wert werden diese Ausgaben mehr als aufgefangen.

c) CPA und EPA

Egal, wie gut eine Landingpage, eine Werbeanzeige oder ein anderer Schritt auch aussieht, und egal, wie viel wir uns davon versprechen – sie sind immer nur genau so viel wert wie das Verhältnis der CPA zum EPA. Deshalb ist es unabdingbar, dass wir diese Werte messen, analysieren und in unserem Sinne optimieren.

d) Werbenetzwerke

Die unterschiedlichen Netzwerke haben verschiedene Vor- und Nachteile, auf die ich später noch genauer eingehen werde. Grundsätzlich ist ein wichtiger Bestandteil der Strategie, möglichst die optimalen Netzwerke für die jeweilige Kampagne auszuwählen und gegebenenfalls miteinander zu kombinieren.

e) Details der Kampagnenstruktur

Bei all den verschiedenen Elementen einer Kampagne ist es natürlich auch wichtig, auf die Details der Kampagnenstruktur zu achten. Das bedeutet, dass die Elemente alle optimal aufeinander abgestimmt bzw. miteinander verzahnt sein sollten. Zwischen einer Werbeanzeige, einer Landingpage und dem Call-to-Action sollte eine Art von Story die Inhalte miteinander verbinden und den Kunden neugierig machen, von den Vorteilen überzeugen und zum Kauf bewegen.

Oft hilft es, wenn man sich den Weg der potentiellen Kunden, sowohl der kalten als auch der heißen Zielgruppen, einmal selbst vorstellt. Dabei sollte man besonders auf Brüche achten: Bietet die Landingpage das, was die Werbeanzeige verspricht? Adressiert die Argumentation auf der Landingpage die Probleme, mit denen die Werbeanzeige den Besucher angelockt hat? Sind Up- und Downselling-Angebote auf das Produkt und die Interessen der Besucher abgestimmt?

Die richtige Werbeform für den Start wählen

Dieses Kapitel ist sozusagen die Schnellstartanleitung. Eine detaillierte Beschreibung der einzelnen Werbeformen gebe ich in den folgenden Kapiteln. Ich glaube aber, dass es sinnvoll ist, zunächst einen knappen Überblick zu liefern, und zwar aus zwei Gründen:

- Wer es eilig hat und sofort loslegen will, kann sich hier schon für passende Werbeformen für seine Strategie entscheiden. Die Details kann er dann im jeweiligen Teil des Buches nachschlagen.

- Wer sich umfassend über Online-Werbung informieren will, erhält hier einen schnellen Überblick über die verschiedenen Werbeformen sowie über ihre Funktionsweise, Vorteile und Nachteile.

Natürlich ist es ratsam, gerade für den Start die Werbeform sorgfältig auszuwählen.

Dabei können die fünf W-Fragen hilfreich sein:

Was wollen wir verkaufen?

Wem wollen wir es verkaufen?

Wo finden wir unsere Zielgruppe?

Wie hoch ist unser Budget?

Warum wählen wir diese Werbeform?

Wenn wir eine dieser Fragen vergessen, dann führt das vielleicht zu einer Werbeform, die unsere Zielgruppe nicht erreicht, die für dieses Produkt oder diese Dienstleistung nicht optimal ist oder die mehr Geld kostet, als wir ausgeben können oder möchten. Kurz gesagt: Die Kampagne ist dann nicht so erfolgreich, wie sie sein könnte.

Kommen wir nun also zum Überblick über die verschiedenen Werbeformen. Zum Abschluss werde ich noch kurz darauf eingehen, welche dieser Formen sich nach meiner Erfahrung für den Start besonders gut eignen.

Grundsätzlich ist zu beachten, dass zwischen PUSH-Marketing und PULL-Marketing unterschieden wird.

Push-Marketing

Man bietet Leuten etwas an

Diese realisieren den Bedarf durch Werbung

Beispiel: Kaffeewerbung
Sie bringt mich dazu im Shop nach Kaffee zu stöbern und zu kaufen

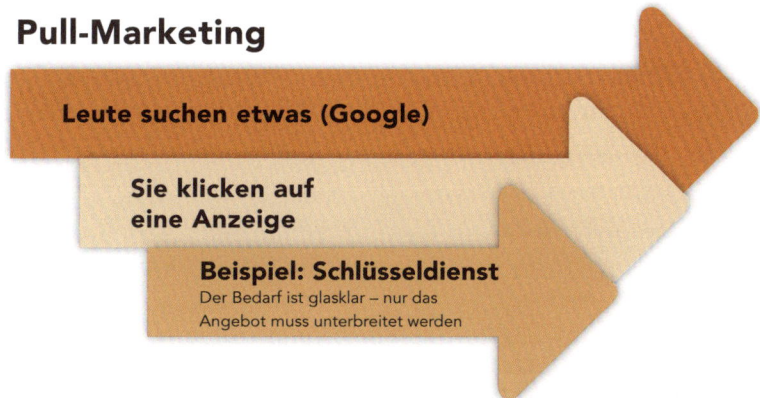

Manche Märkte ermöglichen PUSH- und PULL-Marketing – andere Märkte sind auf eine dieser Optionen beschränkt. Um bei dem Beispiel zu bleiben: Der Schlüsseldienst wird mit Bannerwerbung wenig Erfolg haben, weil die Leute das Problem im Moment des Konsums der Werbung nicht haben.

Im Gegensatz dazu sind jedoch bspw. bei einem Abnehmprodukt beide Arten des Marketings möglich. Entweder jemand sucht aktiv nach dem Thema, oder man sieht die Werbung irgendwo und interessiert sich dann dafür. Da es sich um einen Massenmarkt handelt, kann beides Sinn ergeben.

Auf dieser Grundlage muss man dann auch entscheiden, welches Werbenetzwerk das richtige für die eigene Marke ist. In vielen Fällen ist es auch eine Kombination der verschiedenen Werbenetzwerke, oder es kommen sogar alle in Frage.

Google AdWords – Suchnetzwerk

Bei der Werbung im Suchnetzwerk von Google AdWords bietet man auf Werbeanzeigen, die über und unter den Suchergebnissen von Google eingeblendet werden:

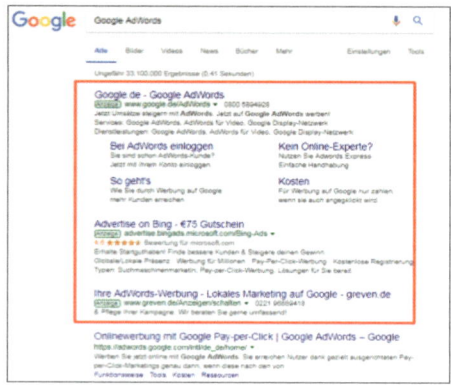

Mit „bieten" ist hier gemeint, dass verschiedene Interessenten für diese Werbeplätze, die jeweils bestimmten Suchbegriffen zugeordnet sind, ein Höchstgebot abgeben. Nach der Höhe dieser Gebote wird dann festgelegt, welche Anzeigen in welcher Reihenfolge eingeblendet werden. Bezahlt wird immer dann, wenn jemand auf die Anzeige in den Suchresultaten klickt. Die Preise pro Klick liegen je nach Keyword zwischen einigen Cent und mehreren Euro.

Maßgeblich dafür ist also der Faktor der Qualität. Über diesen Wert wird beurteilt, wie relevant ein Keyword für Google und somit die Zielgruppe ist. Für AdWords-Kunden wird dieser Wert in einer Skala von 1 bis 10 dargestellt und bestimmt damit darüber, an welcher Position die Anzeige erscheint.

Idealerweise führt der Klick dann auf eine Landingpage, die auf das Keyword, auf das bei der Anzeige geboten wurde, optimiert ist. Dies wird als hohe Qualität gewertet und positiv berücksichtigt. Außerdem kann man davon ausgehen, dass der Nutzer etwas Bestimmtes gesucht hat – es fördert also die Conversion, wenn ihm auf der Landingpage ein relevantes Angebot gemacht wird.

Insgesamt benötigt man also für erfolgreiche Werbung im Google-AdWords-Netzwerk drei Strategien:

- Eine Keyword-Strategie
- Eine Gebotsstrategie
- Eine Conversion-Strategie (z. B. Funnels)

Dann kann AdWords-Werbung ein machtvolles Instrument sein. Das zeigt sich nicht zuletzt darin, dass kaum ein größeres Unternehmen darum herumkommt.

Vorteile: Erreicht gezielt Personen mit einem bestimmten Bedarf in dem Moment, in dem sie dazu suchen (PULL-Marketing). Außerdem ist es datenbasiert, effizient, für verschiedene Budgets geeignet, und es sind viele Tools verfügbar. Werbeinblendungen können auch regional und lokal eingegrenzt werden.

Nachteile: Durch die vielen Keywords ist die Kampagnenverwaltung bei großen Kampagnen recht aufwändig.

Google AdWords – Shopping

Die Google-Shopping-Anzeigen sind gerade für den Online-Verkauf von Produkten eine sinnvolle Ergänzung zu AdWords-Suchanzeigen. Sie werden über oder neben den Suchergebnissen eingeblendet:

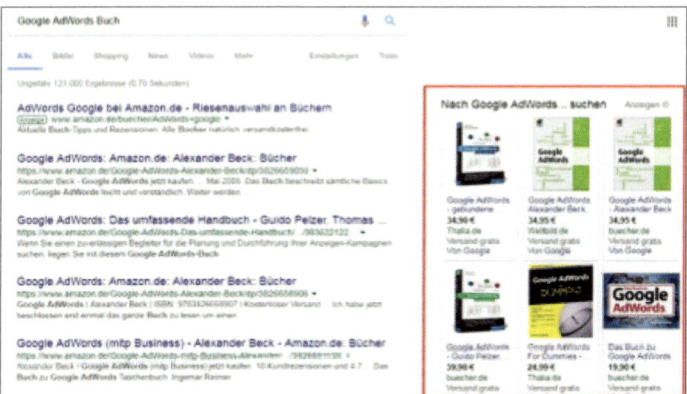

Damit bietet diese Werbeform sowohl dem Suchenden als auch dem Verkäufer einen deutlichen Mehrwert. Relevante Produkte können ohne Umwege betrachtet und verglichen werden – in der Regel führt ein Klick direkt zur Verkaufsseite.

Nach meiner Erfahrung hat sich allerdings gezeigt, dass an dieser Stelle das größte Verkaufsargument der Preis ist. Anders gesagt: Bei mehreren ähnlichen Angeboten wird fast nur das günstigste Angebot angeklickt. Wenn man ein in dieser Hinsicht sehr konkurrenzfähiges Produkt hat, dann kann diese Werbeform äußerst lukrativ sein. Diese Werbeform ist besonders für E-Commerce-Stores gut nutzbar.

Des Weiteren sollte man bedenken, dass man an dieser Stelle fast nur die heiße Zielgruppe erreicht, da die Anzeige nur eingeblendet wird, wenn jemand das entsprechende Suchwort oder die entsprechende Suchwortkombination eingegeben hat. Daher ist auch der Verkaufsweg üblicherweise kurz und direkt. Allerdings ist das Suchaufkommen für manche Produkte so gering, dass man mit dieser Werbeform nur bedingte Aussichten auf ein großes Umsatzwachstum hat.

Vorteile: Sehr gut für direkte, schnelle Verkäufe von Produkten an eine heiße Zielgruppe. Großer Mehrwert für den Nutzer. Für fast alle Produkte geeignet.

Nachteile: Beschränkung auf die heiße Zielgruppe und starker Fokus auf den günstigsten Preis. Nicht für Dienstleistungen o. Ä. geeignet.

Google AdWords – Video

Durch die direkte Einbindung in attraktiven Video-Content hat Video-Advertising über das Google-Netzwerk das Potential, der Brand oder der Nachricht eine große Aufmerksamkeit beim Betrachter zu verschaffen. Man nutzt hierdurch direkt das YouTube-Netzwerk für die eigene Werbung. Die Anzeigen laufen vor dem Video, das der Nutzer ansehen will, oder in kurzen Unterbrechungen dazwischen:

Üblicherweise hat der Nutzer nach einigen Sekunden die Möglichkeit, das Werbevideo zu überspringen. Wenn man in diesem Zeitraum, also den ersten 5 bis 10 Sekunden, einen Pattern Interrupt einbaut, also den Nutzer mit etwas überrascht, das gegen seine Erwartung ist, dann schaut er sich möglicherweise den gesamten Werbeclip an. Dieser kann dann eine Minute lang oder länger sein.

Hierbei kann man sowohl das bewegte Bild als auch Ton nutzen, um den Betrachter anzusprechen. Dies bietet nicht nur für Produkt- oder Unternehmenspräsentationen, sondern auch für andere Zwecke viele interessante Möglichkeiten.

In meiner Agentur nutzen wir diese Werbeform vor allem für Brand-Kampagnen. Bei sehr guten Videos, die den Betrachter schnell fesseln, sind auch gute Ergebnisse im Performance-Bereich möglich.

Vorteile: Gut geeignet, um den Bekanntheitsgrad zu erhöhen. Viele Gestaltungsmöglichkeiten durch Bild und Ton, die Zielgruppe kann nach verschiedenen Kriterien gefiltert werden. Bei guten Videos gute Ergebnisse.

Nachteile: Die Produktion von guten Videos kann aufwändig und teuer sein. Nicht sehr gut für den direkten Verkauf geeignet, da der Nutzer ja ein Video sehen und nicht einkaufen will.

Facebook

Am rechten Rand des Facebook-Feeds und versteckt zwischen den aktuellen Fotos und Beiträgen finden sich die Anzeigen und vorgeschlagene Beiträge:

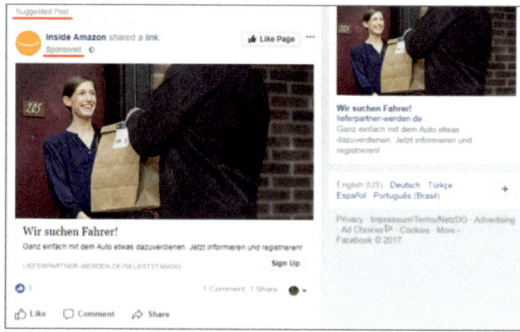

Wenn man bei einem vorgeschlagenen Beitrag auf die drei Punkte oben rechts klickt, kann man dort auswählen: „Warum wird mir das angezeigt?" Daraufhin erhält man dann z. B. die Information, dass der Werbetreibende Männer zwischen 20 und 50 Jahren in Deutschland erreichen wollte – oder ähnliche, mal mehr und mal weniger spezifische Eingrenzungen. Oft werden auch spezifische Interessen angeführt, die Facebook aufgrund des Nutzungsverhaltens annimmt.

Oder man erhält die Information, dass der Werbetreibende Kunden erreichen wollte, die seinen Kunden ähnlich sind. Das ist eine der großen Stärken von Facebook: Man kann nicht nur selbst die Zielgruppe sehr präzise auswählen. Man kann sich auch von den sehr ausgeklügelten Algorithmen unterstützen lassen, die Facebook ständig entwickelt und zu denen z. B. Lookalike Audiences gehört.

Das ist nur einer der Gründe, warum Facebook-Werbung für Einsteiger sehr gut geeignet ist. Auch hier bietet man genau wie im AdWords-Suchnetzwerk auf Einblendungen. Allerdings nicht für ein System von spezifisch ausgewählten Keywords, sondern für eine wie beschrieben ausgewählte Zielgruppe. Dabei lassen sich sowohl die Targetierung als auch die Gebotsstrategien bis zu einem gewissen Grad hervorragend automatisieren.

Außerdem hat man vielfältige Möglichkeiten. Man kann nicht nur Websites, also z. B. Landingpages, bewerben, sondern auch Facebook-Beiträge. Das können Bilder, Texte, aber auch Videos sein. So können sowohl heiße als auch kalte Zielgruppen mit jeweils individuell abgestimmten Kampagnen angesprochen werden.

Darüber hinaus kann man auf der Facebook-Seite des Unternehmens Likes und Followers sammeln. Diese kann man dann ohne weitere Kosten direkt mit Beiträgen erreichen. Der Aspekt der sozialen Interaktion kann insgesamt gut für Werbestrategien eingesetzt werden: Beiträge, die den Nutzern einen Mehrwert bieten oder als interessant oder witzig wahrgenommen werden, können von den Nutzern geteilt werden. Auch damit erhöht sich kostenlos die Reichweite.

Facebook hat aktuell mehr als 2 Milliarden Nutzer und ist damit weltweit das mitgliederstärkste soziale Netzwerk. Dieser Punkt alleine spricht schon stark für die Nutzung. Und die Möglichkeit der äußerst präzisen Targetierung sowie der Einsatz von ausgesprochen effizienten Algorithmen machen die Verwendung von Facebook für jegliche Unternehmungen im Bereich Online-Marketing unumgänglich.

Vorteile: Werbekampagnen sind einfach einstellbar, gutes Zielgruppen-Targeting, für unterschiedlich große Budgets geeignet, vielfältige Creatives möglich, sehr datenorientiert und gut in Funnels integrierbar. Soziale Effekte können die Reichweite vergrößern. Besonders Anfänger und kleine Unternehmen profitieren von Facebook-Werbung, da sie schnell und effektiv Ergebnisse erzielen können.

Nachteile: Die Werbeschaltung erfolgt unabhängig vom momentanen Interesse des Nutzers (z. B. für einen Schlüsseldienst wäre das AdWords-Suchnetzwerk besser). Wegen der vorwiegend privaten Nutzung von Facebook hat es auch Schwächen im B2B-Bereich. Die Nutzer sind an gute Targetierung gewöhnt, deshalb erfolgt eine schlechtere Resonanz auf schlecht gezielte Kampagnen. Für die Nutzer bestehen direkte Kommentarmöglichkeiten unter den vorgeschlagenen Beiträgen.

LinkedIn

Was Facebook für den B2C-Bereich leistet, können Sie im B2B-Bereich mit Firmennetzwerken wie LinkedIn erreichen. Diese Plattform ist vor allem für das Werben für berufsbezogene Themen wie Aus- und Weiterbildungen und Jobsuche geeignet.

Verschiedene Anzeigenformate sind verfügbar. Es werden z. B. Textanzeigen und Sponsored Content im Feed der Mitglieder angezeigt, die so unmittelbar auf der LinkedIn-Homepage sichtbar sind, auf die die Nutzer nach dem Login kommen.

Durch ausführliche Targetierungsmöglichkeiten können genau definierte Zielgruppen erreicht werden, um so hochqualifizierte Leads zu sammeln. Dabei zahlen Sie je nach Abrechnungsmodell entweder nur für tatsächlich erfolgte Klicks oder aber für Impressionen.

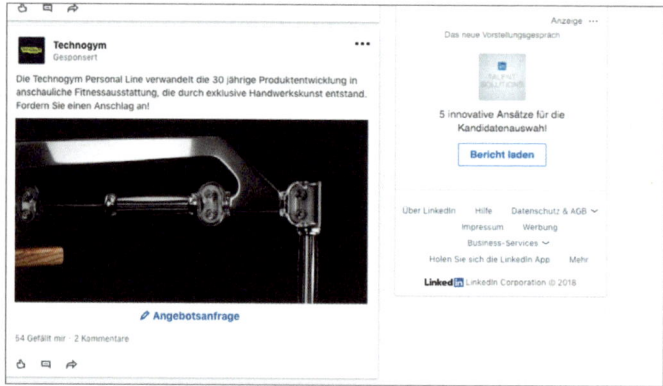

Eben diese genaue Targetierung führt jedoch dazu, dass B2B-Marketer längst den Wert des Firmennetzwerks erkannt haben – hier können sie genau die Entscheidungsträger ansprechen, die ihrem Unternehmen Profit bringen. Und aufgrund der hohen Nachfrage sind die Klickpreise bei LinkedIn deutlich höher als z. B. bei Facebook. So verlangt z. B. LinkedIn ein Mindestbudget von zehn Euro täglich pro Kampagne und ein Mindestgebot von zwei Euro pro Textanzeige.

Die Schwierigkeit bei der Werbeschaltung über LinkedIn ist also, die richtige Strategie zu fahren, mit der Sie nicht nur Klicks maximieren, sondern vor allem dafür sorgen, dass die richtigen Personen auf Ihre Anzeigen klicken. Es ist daher nötig, dass Sie sich eingehend mit Ihrem Kunden-Avatar auseinandersetzen und Ihren Content dann genau auf ihn anpassen. LinkedIn ist dementsprechend eher für fortgeschrittene Online-Marketer geeignet.

Der Kunden-Avatar ist die fiktive Beschreibung eines perfekten Kunden und zeigt im Detail auf, wie dieser ideale Wunschkunde sein soll, dem Sie später Ihr Produkt, Ihr Online-Coaching oder Ihre Online-Kurse anbieten. Es ist aber ebenso möglich, eine ganze Zielgruppe in einem Kunden-Avatar zu vereinen. Der perfekte Kunden-Avatar kann z. B. entwickelt werden, in dem die gesamte Zielgruppe nach bestimmten Kategorien analysiert wird: In welchen Lebensumständen befinden sich die Kunden? Wo wohnen die Kunden? Welcher Altersklasse können die Kunden zugeordnet werden? Damit schaffen Sie die beste Voraussetzung für zielgerichtetes Marketing und die richtige Ansprache der relevanten Zielgruppe.

Um es noch anschaulicher zu machen, möchte ich gerne ein Beispiel aus der Fitness-Branche geben. Wenn man z. B. ein Online-Fitness-Training für frischgebackene Mütter anbietet, bei dem sie viel an der frischen Luft sind und ihre Kinderwagen als Fitness Equipment nutzen können, dann wäre der Markt, den man damit bedienen möchte, klar zu identifizieren: Gesundheit und Fitness. Relevante Merkmale der Zielgruppe wären dann z. B.: Wunsch nach Fitness, Wunsch nach Gewichtsverlust, Lust an Sport und Bewegung, Wunsch nach einem gesunden Lifestyle. Spezifizierte Merkmale für den Kunden-Avatar würden sich folgendermaßen darstellen: Wunsch, die Zeit mit Baby und Sport zu verbinden, Wahrnehmung als „coole, hippe" Mutter. Dieser Zusammenschluss von Merkmalen ist wichtig, denn die Kommunikation und die Botschaft an den Kunden werden explizit darauf ausgerichtet.

Heute funktionieren die meisten Werbenetzwerke interessenbasiert, und daher verliert der Kunden-Avatar nach und nach an Bedeutung.

Vorteile: Gute Resonanz im B2B-Bereich, besonders für berufsbezogene Themen geeignet. Verschiedene Formate möglich. Ausführliche Targetierungsmöglichkeiten. Hochqualifizierte Leads. Abrechnung auf Basis von Klicks oder Impressionen.

Nachteile: Oft höherer Preis durch stärkere Konkurrenz. Gute Strategie ist wichtig. Alternativ können B2B-Entscheider auch über Facebook erreicht werden, und das meist zu einem geringeren Preis.

Native Netzwerke

Native Netzwerke bieten das sogenannte Native Advertising an. Diese Werbeform ist besonders auf den Websites von Zeitungen und Zeitschriften, aber auch auf größeren Blogs verbreitet. Dabei werden werbende Inhalte zwischen tatsächlichen redaktionellen Inhalten platziert. Sie unterscheiden sich meist optisch nicht von redaktionellen Beiträgen – außer durch die Beschriftung „Gesponsert" oder „Anzeige". Native Advertising ist verwandt mit PR-Texten, sogenannten Advertorials, bei denen die Werbung direkt an das Umfeld angepasst und indirekt an die Zielgruppe herangetragen wird. Zum Native Advertising zählen unter anderem auch wie schon genannt redaktionelle Artikel und virales Marketing über Videos, Bilder und Musik. Hinzu kommt der Bereich des Suchmaschinen-Marketings, also die gleichrangige Auflistung von bezahlter Werbung neben normalen Suchresultaten.

Die nativen Netzwerke machen sich das Leseverhalten der Nutzer und die genutzten Medien der User zur Basis, und aus diesem Grund eignen sich fast alle Medien für Native Advertising. Die Wahl des Mediums ist dabei abhängig von Zielgruppe und Projekt, und danach richtet sich auch die jeweilige Taktik zur Platzierung von neuen Produkten am spezifischen Markt.

Nach einem Klick auf einen solchen Beitrag wird man in der Regel auf eine externe Seite geleitet, auf der man den Artikel dann lesen kann – oder direkt auf ein Angebot.

Dafür benötigt man ggf. einen Artikel, den man nahtlos in ein solches Umfeld einbetten kann. Dieser sollte dem Nutzer einen Mehrwert bieten, der in der Überschrift angekündigt wird. Außerdem sollte er – je nach Temperatur der klickenden Nutzer – mehr oder weniger gezielt auf ein Produkt oder Angebot hinführen.

Die Targetierung erfolgt in der Regel über das Umfeld, in das die Anzeige eingebettet wird, und ist somit weniger genau als z. B. bei AdWords oder Facebook. Für Massenmärkte, also bei Produkten oder Angeboten, die für eine sehr breite Zielgruppe interessant sind, ist sie aber dennoch nützlich. Dies gilt z. B. für die Themen: Investments, Abnehmen, Gesundheit, lukrative Nebeneinkommen und Sprachen lernen.

Vorteile: Gute Klickraten durch Integration in den redaktionellen Bereich. Bei hochwertigem Content auch gute Conversion Rates möglich. Gut geeignet für Massenmärkte.

Nachteile: Kann nicht so zielgerichtet eingesetzt werden wie einige andere Werbeformen.

Content-Netzwerke

Bei Content- oder Publisher-Netzwerken werden Werbeflächen auf Content-Websites für die Darstellung von Anzeigen in verschiedenen möglichen Formaten genutzt.

Google bietet so etwas unter dem Namen AdSense an. Es sind sowohl Textanzeigen als auch Banner und animierte Banner in verschiedenen Formaten möglich:

Die Targetierung erfolgt in der Regel über die thematische Ausrichtung einzelner Websites im Netzwerk. Die Publisher, also die Betreiber der Websites, auf denen geworben wird, erhalten vom Werbenetzwerk einen Teil der durch Klicks erzielten Einnahmen. Im Gegenzug sorgen sie für Reichweite, indem sie mit ihrem Content einen Mehrwert bieten, der Nutzer anzieht. Der Werbetreibende zahlt wiederum in der Regel pro Klick.

Wenn man Content-Netzwerke mit Nutzerdaten kombiniert, dann erhält man sehr spezifische Targetierungsmöglichkeiten. Besonders interessant ist dabei die Nutzung für Remarketing. Dabei werden z. B. einem Nutzer, der sich für ein bestimmtes Angebot interessiert hat, immer wieder Anzeigen mit Werbung für dieses Angebot angezeigt, wenn er sich auf Websites des Netzwerkes bewegt.

Insgesamt ist auch diese Werbeform aufgrund der aufwendigeren Targetierung vor allem für Massenmärkte und Brand-Kampagnen geeignet.

Vorteile: Bei großen Netzwerken große Reichweite. Einbindung in ein thematisch relevantes Umfeld.

Nachteile: Genaue Targetierung ist aufwändig. Für kleinere Märkte nur eingeschränkt geeignet.

Fazit: Mit welcher Werbeform anfangen?

Wir empfehlen unseren Kunden in der Regel, mit Facebook-Werbung anzufangen.

Dafür gibt es verschiedene Gründe:

- Als eine der weltweit größten Werbeplattformen ermöglicht es Facebook, eine riesige Zahl von Menschen zu erreichen.
- Mehr oder weniger frei definierbare Zielgruppen lassen sich relativ einfach sehr genau ansprechen.
- Ein Einstieg ist mit der richtigen Strategie auch mit geringem Budget möglich

Für einige Produkte und Dienstleistungen ist Werbung mit AdWords im Google-Suchnetzwerk für den Anfang die bessere Variante. Ein klassisches Beispiel ist hier wieder der Schlüsseldienst: Er erzielt in der Regel nur Anfragen, wenn Kunden gerade konkret nach seiner Dienstleistung suchen. Und diese Kunden erreicht er am besten mit lokal begrenzten AdWords-Anzeigen in der Suche. Man kann sich kaum ein Szenario vorstellen, in dem der Schlüsseldienst mit einem komplexen Funnel eine kalte Zielgruppe dazu bringt, ihn anzurufen. Vor allem kalte Zielgruppen kann man aber über Facebook gut erreichen.

Auch eine Kombination von Facebook und AdWords kann sehr erfolgreich sein. Dabei ist zwar der Planungsaufwand recht groß, da jeweils unterschiedliche Prinzipien berücksichtigt werden müssen. Dafür erreicht man aber mit der Verbindung der größten Suchmaschine und des größten sozialen Netzwerks eine fast größtmögliche Abdeckung der meisten Zielgruppen, die sich online bewegen. In anderen Worten: Man hat die Möglichkeit, riesige Mengen an Leads und Käufen zu generieren.

Nun sollten die grundlegenden theoretischen Prinzipien geklärt sein. Sie wissen jetzt, was der wesentliche Unterschied zwischen klassischer Werbung und zeitgemäßem Online-Marketing ist. Sie erinnern sich noch? Das ist wichtig – denn genau darin liegt ja Ihr strategischer Vorteil. Genau: datenbasiertes Planen und Umsetzen mit Fokus auf CPA und EPA. Vor allem dann, wenn Sie beginnen, Ihre eigenen Kampagnen durchzuführen, sollten Sie immer wieder in das Kapitel zum Funnel-Aufbau schauen, um den Gesamtüberblick über Ihre Maßnahmen zu bewahren.

Als Nächstes beschäftigen wir uns mit den praktischen Details der Werbeschaltung. Auch hier können Sie Ihre Kampagnen gewissermaßen mit dem Buch in der Hand planen – wir gehen die Durchführung einer Anzeigenschaltung auf den einzelnen Werbeträgern Schritt für Schritt gemeinsam durch. Dabei können sich natürlich mit der Zeit einige Details auf den einzelnen Plattformen ändern, sodass die Screenshots möglicherweise in einigen Jahren nicht mehr völlig aktuell sind. An der grundsätzlichen Vorgehensweise ändert sich jedoch in der Regel wenig.

Zusammenfassung Teil A

Ich kann es gar nicht oft genug betonen, und verspreche Ihnen, die folgenden beiden Kernbegriffe werden zu den wichtigsten in Ihrem Business werden: CPA und EPA.

Denn nachdem Sie ein Tracking erfolgreich implementiert haben, wollen Sie ja an Ihren Kunden verdienen. Genau aus diesem Grund müssen Sie CPA und EPA stets und genau im Blick haben. Nur wenn der EPA Ihre CPA übersteigt, machen Sie auch Gewinn, und Sie wollen ja schließlich kein Geld verschenken, oder?

Sollten die CPA den EPA nun doch einmal übersteigen, können Sie sich der Lösung des Problems auf zwei Wegen nähern:

Sie senken die CPA, z. B. indem Sie die Conversion Rate erhöhen, oder Sie erhöhen den EPA mittels Upsell-Optionen beim Checkout. Beide Varianten tarieren Ihre Inbalance im CPA/EPA aus.

Für die Kundenbindung im Anschluss des Kaufes lohnt es sich, die Kunden zu klassifizieren. Die Kunden, die regelmäßig bei uns kaufen, sind uns mehr Einsatz wert, z. B. in Form von Rabatten und Aktionen, als die Kunden, die einen hohen Arbeitsaufwand bedeuten, der durch Support oder Abwicklungen entstehen kann. Mittels der Klassifizierung können wir gezielt in wertvolle Premium-Kunden investieren und weniger vorteilhafte Kunden meiden.

Wie führe ich einen Kunden am besten durch ein digitales Verkaufsgespräch? Ganz einfach: indem ich die Möglichkeiten eines Funnels für mich nutze.

Das wichtigste Element eines Funnels ist die Landingpage oder der jeweilige Shop. Durch den Funnel haben Sie die Chance, Ihre Kunden

vom Produkt zu überzeugen. Wichtig dabei ist zu beachten, dass jede Landingpage auf ein konkretes Ziel gerichtet ist, das heißt, für separate Ziele benötigen Sie auch separate Landingpages.

Folgende Schritte im Funnel-Aufbau sollten Sie beachten:

- Erster Schritt: Das Füllen des Trichters
- Zweiter Schritt: Das Verengen im Trichter
- Dritter Schritt: Den sorgfältig gefunnelten Traffic nutzen

Und für welche Bereiche eignen sich Funnels besonders gut?

1. Online-Shops
Mit verschiedenen Kampagnen wird Traffic generiert – z.B. über Kampagne 1 durch Kunden, die sich bereits für das Produkt interessieren, und über Kampagne 2 durch Kunden, die sich nicht primär für das Produkt interessieren.

2. Dienstleistungssektor
Bitte beachten Sie hierbei, den Traffic nicht direkt auf die oft visitenkartenähnliche Website Ihrer Dienstleistung zu leiten, sondern zuvor auf eine passende Landingpage, um weitere überzeugende Argumente, z.B. für das Ausfüllen eines Formulars für Ihre Dienstleistung, zu liefern.

3. Verkaufs-Webinare
Hier liegt der Vorteil eindeutig in der Möglichkeit, viele verschiedene Themen für ein Webinar zu nutzen und die einmal aufgezeichneten Webinare immer wieder neu starten zu lassen.

Der Markt verändert sich ständig. Trends entstehen und erlöschen auch wieder. Wichtig dabei ist, dass Sie flexibel bleiben. Dies gilt für die Erweiterung Ihres eigenen Horizonts wie auch für die Beobachtung von neuen Märkten und Produkten. Behalten Sie Ihre Kampagnen stets im Blick, denn auch eine optimale Verkaufstechnik oder Kampagne ist irgendwann ausgebrannt und muss beendet oder angepasst werden. Möglich ist natürlich auch, dass sich der Algorithmus Ihrer Kampagnen verändert oder Ihre Mitbewerber neue Taktiken umsetzen, die Ihre Zahlen negativ beeinflussen. Darum legen Sie stets ein Augenmerk auf Ihre Daten und Werte!

Unbedingt merken und am besten direkt auswendig lernen sollten Sie diese 3 fundamentalen Grundregeln für jede Werbekampagne:

a) Mit Tracking sämtliche Bewegungen vollständig abdecken.

Nur so kann man feststellen, ob eine Kampagne erfolgreich ist, und die Details sinnvoll optimieren.

b) Nach CPA und EPA richten.

Nach diesen beiden Werten wird die Kampagne justiert. Traffic und Klickzahlen sind nur so viel wert, wie sie konvertieren. Das wird in diesen beiden Kennzahlen festgehalten.

c) Heiße und kalte Zielgruppen unterscheiden.

Üblicherweise ist es am einfachsten, mit den heißen Zielgruppen zu beginnen und dann für kalte Zielgruppen Brücken zu bauen.

Teil B: Werbung schalten mit Facebook

Facebook ist ein soziales Netzwerk, das 2004 in den USA gestartet wurde. Nach und nach lief es auch in Deutschland vielen anderen sozialen Netzwerken, wie Myspace oder StudiVZ, den Rang ab und gehört inzwischen für viele Menschen rund um die Welt schon zum Alltag. Nach eigenen Angaben hat das Netzwerk weltweit 2 Milliarden aktive Nutzer pro Monat. In Deutschland hatte Facebook im September 2017 rund 31 Millionen aktive Nutzer – im Vergleich zu 25 Millionen Nutzern im September 2013 ist das ein Zuwachs von fast 25 % in vier Jahren!

Um die Zahlen besser einordnen zu können – wieder nach unternehmenseigenen Angaben: Etwa 50 % der deutschen Internetnutzer sind jeden Monat auf Facebook, 19 Millionen Deutsche nutzen Facebook täglich. Etwa 13 Millionen Deutsche greifen täglich mit dem Smartphone auf Facebook zu, und 18 Millionen tun dies einmal im Monat. Das sind 65 % der Smartphone-Nutzer in Deutschland. Und für die hohen Zugriffszahlen gibt es gute Gründe.

Die Nutzer bleiben über Facebook mit ihren „Freunden", einer durch gegenseitige Anfragen entstandenen Kontaktliste, in Verbindung und tauschen Gedanken, Bilder, Videos und Links über das Netzwerk aus. Ein zentraler Bestandteil ist dabei der Feed, die sogenannte Facebook-Timeline. Darin werden ständig die aktuellen Beiträge aus der Kontaktliste dargestellt – und auch bezahlte Werbeanzeigen, die sich optisch kaum von den Beiträgen der normalen Kontakte unterscheiden. Der deutlichste Unterschied ist der kleine Hinweis: „Vorgeschlagener Beitrag".

Ein wesentliches Merkmal von Facebook sind die starken Trigger, die Nutzer dazu animieren, immer wieder die Smartphone-App oder die Facebook-Website aufzurufen und in der Timeline zu stöbern. Zu diesen Triggern gehören:

1. die „Notifications", die sich bei neuen Benachrichtigungen rot färben und ein Tonsignal geben;

2. die „Likes", eine Interaktionsmöglichkeit, mit dem man soziale Rewards auf Beiträge erhält;

3. die „Timeline" selbst, die bei jedem Neuladen der Seite ständig neue Beiträge zeigt.

Durch diese Trigger erzielen selbst Werbebeiträge auf Facebook in der Regel gute Interaktionsquoten und können sogar soziale Bedürfnisse der Nutzer befriedigen. Interessante oder witzige Werbebeiträge werden geteilt, gelikt und kommentiert. Mit einem Like können andere Nutzer mit nur einem Klick mitteilen, dass ihnen ein Beitrag gefällt. Teilt ein Nutzer einen Beitrag auf seiner Timeline und erhält daraufhin Likes, befriedigt dies soziale Bedürfnisse, die er hat – und das klappt sogar mit Werbeanzeigen oder anderen bezahlten Beiträgen. So können die Nutzer mit guter Werbung sogar einen Mehrwert erfahren und selbst durch Teilen die Reichweite und Wirkung von Anzeigen erhöhen.

Ein zentraler Dreh- und Angelpunkt von Facebook neben dem Feed sind die sogenannten Profile und Pages. Profile sind private Profilseiten, auf denen sich Nutzer präsentieren und auf denen ihre eigenen Beiträge gesammelt werden. Pages sind die Profilseiten von Unternehmen, öffentlichen Personen, Vereinen, Restaurants, Geschäften und sonstigen in der Regel kommerziellen Anbietern. Die Pages ähneln den Profilseiten, verfügen aber über unternehmensspezifische Elemente, wie z. B. die Öffnungszeiten.

Wichtig zu beachten sind auch die Facebook-Werberichtlinien. Das möchte ich an dieser Stelle nur kurz erwähnen, da diese Richtlinien für einige Produkt- und Dienstleistungsbereiche zu Einschränkungen der Möglichkeiten führen. Bestimmte Themen werden grundsätzlich ausgeschlossen, was Facebook in der Regel an bestimmten Schlagworten erkennt. Außerdem gelten für die Visuals natürlich die grundsätzlichen Facebook-Richtlinien.

Das war nun alles sehr allgemein und dient vor allem dazu, den Lesern, die mit Facebook noch nicht vertraut sind, die Plattform etwas verständlicher zu machen. Jetzt werde ich darauf eingehen, was für Vorteile die Plattform für uns bietet – und wie wir dort konkret Werbung schalten können.

Warum Facebook?

Dass Facebook alleine im zweiten Quartal 2017 unglaubliche neun Milliarden US-Dollar Umsatz erwirtschaften konnte, liegt nicht zuletzt daran, dass es als Werbeplattform einfach funktioniert. Clevere Werbeprofis, die verstanden haben, wie man seine Online-Werbung effektiv optimiert, lassen mit Facebook-Werbung ihre Verkäufe durch die Decke gehen. Und nicht wenige von ihnen sind durch die Verbindung von Facebook-Werbung und automatisierten Geschäftsmodellen in wenigen Monaten Millionäre geworden.

Natürlich ist nicht jedes Geschäftsmodell darauf ausgelegt, seinen Betreiber über Nacht reich zu machen. Aber für viele Geschäfte, Online-Shops und Dienstleister ist es schon ein großer Fortschritt, keinen Euro mehr für ineffiziente Werbung zu verschwenden. Und dafür ist Facebook ideal, denn es bietet hervorragende Einblicke in sämtliche wichtige Daten – vor allem EPA und CPA lassen sich durch Tracking mit dem Facebook-Pixel gut überwachen.

Kurz gesagt: Facebook kombiniert **vollständig datenbasierte Kampagnengestaltung** mit einer **riesigen Reichweite.**

Es gibt aber noch einen weiteren Grund, der für die Nutzung von Facebook zur Werbeschaltung spricht: die vielen Möglichkeiten, die durch die Verbindung von Werbung und sozialem Netzwerk entstehen. Eine solche Verbindung bietet verschiedene Vorteile:

- Es sind Bild- und Textkombinationen, aber auch Videobeiträge möglich.

- Beiträge und Unternehmens-Page laden Nutzer zur Interaktion ein.

- Beiträge mit Mehrwertinhalten können helfen, Zielgruppen zu strukturieren (mehr dazu später).

Damit ist Facebook auch gut **zur Kundenbindung geeignet** und bietet gute **Möglichkeiten zum Skalieren.** Auch darauf gehe ich im Folgenden noch genauer ein.

Für jetzt ist erst einmal festzuhalten, dass Facebook alle Elemente enthält, die wir in den verschiedenen Stufen eines Funnels gebrauchen können. Wir können kalte und warme

Zielgruppen gezielt ansprechen und über mehrere Stufen auf unsere Landingpages und bis zum Verkauf führen. Außerdem gewinnen wir dabei wertvolle Daten, die uns helfen, ein optimales Verhältnis der CPA zum EPA herzustellen. Mit dieser Optimierung können wir dann skalieren und bestehende Kontakte immer wieder direkt und in attraktiven Formaten ansprechen.

Mögliche Werbeformen auf Facebook

Wie Sie sehen werden, gibt es sehr viele Möglichkeiten auf Facebook, und es kann daher sehr schnell sehr komplex werden. Ich werde an dieser Stelle versuchen, das Thema möglichst übersichtlich zu behandeln. Deshalb schauen wir uns nun zunächst die unterschiedlichen Werbeformen an, die uns auf Facebook zur Verfügung stehen:

Unternehmens-Page

Die Unternehmens-Page (auch als Fanpage bekannt) ist eigentlich keine eigenständige Werbeform. Sie ist vielmehr die Basis für alle Aktivitäten, die wir auf Facebook betreiben. Dabei dient die Page dazu, Ihr Unternehmen oder Ihren Shop optimal und möglichst nutzerfreundlich zu präsentieren.

Wenn Sie also ein Ladengeschäft oder ein Restaurant betreiben, dann sind aktuell gültige Öffnungszeiten und Kontaktmöglichkeiten sehr wichtig – und natürlich eine ansprechende Gestaltung durch ein Profilbild und ein Cover-Bild. Für einen Online-Shop zählen Öffnungszeiten weniger, dafür wird hier aber oft eine schnelle, hilfreiche Reaktion auf Fragen von Kunden und Interessenten als positiv bewertet.

Die Unternehmens-Page wird auch über die Suchfunktion von Nutzern gefunden, die nach Ihrem Firmennamen oder nach Produkten oder Dienstleistungen, die von Ihnen angeboten werden, gesucht haben. Deshalb sollten Sie darauf achten, dass diese Nutzer auch die Informationen finden, die sie gesucht haben.

Anzeige in der rechten Spalte

Diese Werbeform kommt der klassischen Online-Werbeanzeige noch am nächsten. Sie können eine Kampagne mit mehreren Anzeigen mit unterschiedlichen Visuals und Zielgruppen erstellen und diese dann entsprechend Ihrer Gebotsstrategie ausspielen.

Nutzer sehen die Anzeige dann rechts oben neben dem Newsfeed – eine Kombination aus einem kleinen, querformatigen Bild, einer kurzen Überschrift und einem Text von weniger als 100 Zeichen. Ein Klick auf diese Anzeige führt dann in der Regel auf eine externe Landingpage.

Da diese Anzeigen nicht im Zentrum des Nutzerfokus, sondern stattdessen leicht versetzt dargestellt werden, funktionieren sie immer genau so gut, wie sie den Nutzer ansprechen. Das bedeutet, dass hier auffällige Visuals und ein genaues Zielgruppen-Targeting zum Erfolg führen.

Bei solchen Anzeigen bestehen für den Nutzer keine Interaktionsmöglichkeiten. Das hat Vor- und Nachteile, was ganz vom beworbenen Produkt abhängt. Als eigenständige Werbeform haben diese Anzeigen nur eine begrenzte Wirkung. Sie sind aber eine sinnvolle Ergänzung zu den gesponserten Beiträgen.

Gesponserter Beitrag

Die gesponserten Beiträge sind die wohl wichtigste Werbeform auf Facebook – vor allem bei der immer stärker wachsenden mobilen Nutzung. Dabei verbinden sie gleich mehrere Vorteile miteinander:

- Sie sind im Mittelpunkt der Nutzeraufmerksamkeit platziert.
- Sie bieten großformatige und vielseitige Gestaltungsmöglichkeiten.
- Es gibt keine so enge Zeichenbegrenzung wie bei den Anzeigen auf der rechten Seite.
- Es können zusätzliche Call-to-Action-Elemente und Links eingebunden werden.
- Nutzer können die Beiträge liken, teilen und kommentieren.

- Die Beiträge sind gleichzeitig für „Laufpublikum" und „Fans" auf der Unternehmens-Page verfügbar.

Dafür erstellt man in der Regel einen ganz normalen Beitrag auf der Unternehmens-Page und klickt dann auf „Beitrag bewerben". Anschließend kann man festlegen, mit welchem Budget der Beitrag an welche Zielgruppen ausgeliefert werden soll. Nutzer, die bereits die Unternehmens-Page abonniert haben, erhalten Beiträge auch direkt nach dem Posting kostenlos in Ihrem Feed.

Je nach Zielgruppe können solche Beiträge verschiedene Ziele verfolgen. Sie können – für heiße Zielgruppen – direkt ein Produkt oder Sonderangebot bewerben. Sie können aber auch – für kalte Zielgruppen – allgemein auf bestimmte Probleme eingehen und dann auf der Landingpage zum konkreten Angebot hinführen. Außerdem können solche Beiträge genutzt werden, um über die Nutzerinteraktion wertvolle Daten über die Zielgruppe zu liefern. Darauf gehe ich später noch genauer ein.

- Besonders wichtige Elemente der gesponserten Beiträge sind:
- Überschrift und Subheadline
- Creatives (Fotos/Videos)
- Werbetext mit Link
- Kommentare

Wie Sie die Beiträge konkret gestalten – und wie Sie sie erfolgreich bewerben, erfahren Sie direkt im Anschluss. Dafür ist es vor allem, wichtig zu überlegen: Wie gestalte ich die Anzeige, wie erreiche ich meine Zielgruppen, und wie erziele ich gute Platzierungen für die Anzeige? Darum soll es nun gehen.

Werbeanzeige im Newsfeed:

Wenn es um Kampagnenziele geht, ist es wichtig zu wissen, dass eine Kampagne auf ganz verschiedene Ziele geschaltet werden kann, wie z.B. auf Reach, aber auch auf Conversion oder auf Klicks. In der Vergangenheit lag unsere Expertise häufig auf diesen drei Elementen, aber auch Kampagnenziele wie eine App-Installation oder Besuche in einem Geschäft können realisiert werden.

Die Werbeanzeige ist vom Grundprinzip her dem gesponserten Beitrag in vielerlei Hinsicht ähnlich. Auch hier besteht die Anzeige in der Regel aus einer Überschrift und einer Subheadline, den Creatives, dem Werbetext und den dazugehörigen Kommentaren. Allerdings hat man bei der Werbeanzeige noch deutlich mehr Individualisierungsmöglichkeiten und mehr Formate zur Auswahl.

Der wichtigste Unterschied zum Beitrag ist, dass kein Post über die Fanpage erfolgt, sondern die Anzeige direkt im Werbeanzeigen-Manager erstellt werden kann. Dort wird sie auch ausgesteuert, kontrolliert und skaliert.

Wir haben im Prinzip drei Möglichkeiten das Nutzerverhalten zu kategorisieren:

1. Nutzer, die eine Handlung ausführen – Conversion
2. Nutzer, die auf Links klicken – Traffic
3. Nutzer, die kommentieren oder liken – Beitragsinteraktionen

Diese drei Bereiche haben zwar eine gemeinsame Schnittmenge, verhalten sich aber sonst sehr unterschiedlich. Man sollte sich also die Frage stellen: Was ist denn das Ziel meiner Kampagne? Möchte ich auf Traffic, Conversion oder Beitragsinteraktionen schalten? Facebook optimiert auf einen dieser drei Punkte, weshalb wir uns diesen vorher bewusst machen müssen.

Am sinnvollsten ist es auf Conversion zu schalten, da wir hier ein sofort sichtbares Ergebnis erhalten und Anpassungen gut und schnell umzusetzen sind. Hier können wir eine maximale Performance erreichen. Facebook selbst empfiehlt übrigens auch, nicht auf Link-Klicks zu optimieren, weil der Algorithmus dabei nicht optimal arbeitet und Werbung nicht effizient geschaltet werden kann.

Natürlich gibt es noch viele andere Facebook-Formate wie Images, Videos, Karusselle, Collections, Slideshows und Canvas. Mit vielen dieser Formate werden wir uns im Verlauf dieses Buches beschäftigen, und Sie werden verstehen, warum diese Vielfalt für Ihre Anzeigengestaltung wichtig ist.

Wie gestalte ich erfolgreiche Werbeanzeigen auf Facebook?

Wir haben bereits gesehen, welches die wichtigsten Inhalte einer Werbeanzeige im Facebook-Feed sind. Jetzt möchte ich diese Inhalte im Detail besprechen, damit Sie selbst in der Lage sind, eine erfolgreiche Anzeige zu gestalten und für Ihre Kampagne zu verwenden.

Creatives

Wichtig ist, dass die Creatives, also Bilder oder Videos zur Illustration des Beitrags, ansprechend sind. Das ist natürlich eine Binsenweisheit, wenn man nicht den wichtigen Nebensatz anhängt: für die Zielgruppe Ihrer Anzeige. Denn genau davon hängt es ab, was unter guten Creatives zu verstehen ist. Wenn man eine Zielgruppe zwischen 20 und 40 Jahren für ein Finanzprodukt begeistern will, dann wird man eine völlig andere Gestaltung wählen müssen als für eine Zielgruppe über 55 Jahren.

Außerdem müssen die Creatives natürlich auf die Temperatur und auf die Interessen Ihrer Zielgruppen abgestimmt sein. Ein attraktives Produktbild oder ein stark auf das Produkt bezogenes Video können bei einer heißen Zielgruppe funktionieren. Kalte Zielgruppen reagieren erfahrungsgemäß besser auf weniger produktspezifische Creatives. Hier ist es besser, auf zielgruppenspezifische Trigger zu setzen.

Ein Beispiel: Nehmen wir an, wir bewerben Backzubehör und haben als Zielgruppe Frauen ab 20 Jahren gewählt, die sich für Kochen und Backen interessieren (mehr dazu, wie man Zielgruppen auswählt, erkläre ich später). Dann wird erfahrungsgemäß ein attraktives Foto von einem besonders schönen Kuchen, verbunden mit einem Backrezept oder Tipps, ein deutlich besseres Resultat erzielen als ein Foto von einem Nudelholz und einem Teigspatel mit einer Preisangabe.

Hier kann es Sinn machen, experimentell in die visuelle Welt der Zielgruppe einzutauchen – sich also z. B. andere Angebote anzusehen, die auf diese Zielgruppe ausgerichtet sind. So kann man Seherwartungen der Zielgruppe besser in seine Creatives integrieren.

Fastlane Marketing
16 Std. · 🌐

👍 **Seite gefällt mir** ···

Die richtigen Kontakte können Türen öffnen - umso wichtiger ist es, Ihr
Netzwerk an Kontakten ständig zu erweitern. Die Peak Performance
Mastermind setzt genau hier an! Das Event der Fastlane Marketing
GmbH lädt große Business-Persönlichkeiten aus der Online-Welt zum
Austausch, mit spannenden Vorträgen zum Blick hinter die Kulissen oder
Expertenwissen auf höchster Stufe, und gibt Ihnen die Möglichkeit als
einer der Ersten Teil dieser Gruppe zu werden.
Tauschen Sie sich mit anderen Teilnehmern zu Themen wie E-
Commerce, Marketing, Vertrieb, Funnel-Building und vielen weiteren
spannenden Themen auf Profi-Level aus und knüpfen sie Kontakte, die
Sie weiter bringen!

Sie möchten mehr über die Peak Performance Mastermind und ihre
Vorteile sowie die Teilnahme erfahren? Dann klicken Sie hier:
http://bit.ly/fl-ppm

Die richtigen Kontakte machen den Unterschied - Peak Performance Mastermind

Werden Sie Teil einer exklusiven Community auf der Peak Performance
Mastermind

FASTLANE-MARKETING.COM

Mehr dazu

Diese Anzeigen sind gelungen, denn

- Der Text ist zielgruppenspezifisch.

- Die Headline macht Lust, mehr zu erfahren, und ist gleichzeitig
  nicht zu werbelastig.

- Das Bild ist ansprechend und erregt Aufmerksamkeit.

Fastlane Marketing
Gesponsert (Demo) · 🌐

👍 Seite gefällt mir

Wer in der heutigen Zeit mit seinem Unternehmen, Produkten oder Dienstleistungen die potenziellen Kunden erreichen will, kommt um Begriffe wie E-Commerce oder Online-Marketing nicht mehr herum. Jeden Tag steigt die Zahl der Social-Media Nutzer und Smartphone-User. Wer mit diesem Wandel mithalten will, benötigt fundiertes Know-How, um seine Zielgruppe mit gezielter Online-Werbung anzusprechen und aus potenziellen Kunden Käufer zu machen. Genau hier setzt das Ausbildungsprogramm 90Days der Fastlane Marketing GmbH an. Die Performance Agentur zeigt Ihnen in nur 90 Tagen alles, was benötigt wird, um die Nutzer des World Wide Web auf ihr Unternehmen aufmerksam zu machen. Hier erhalten Sie Einblicke in die Strategien aus mehrjähriger Marketing Erfahrung und Lehrgänge von Spezialisten der Themen Copywriting, Funnel-Building, Website-Erstellung, Social Media Advertising und Suchmaschinenmarketing.

Sie möchten mehr erfahren? Alle Informationen zum 90Days-Ausbildungsprogramm und der Teilnahme: http://bit.ly/2BKiSuQ

[Nur wenige Plätze] Das Online-Marketing Ausbildungsprogramm von Fastlane Marketing

Die Ausbildung zum Online Marketing Specialist - nur beim 90Days...

WWW.FASTLANE-MARKETING.DE/90DAYS

Mehr dazu

- Das Bild liegt gut in der Mitte zwischen professioneller- und Amateuraufnahme.

- Der Link findet sich im Text wieder.

- Viele Wörter im Text finden sich auf auf der Landingpage wieder. (Es besteht also eine hohe Relation zur Website.)

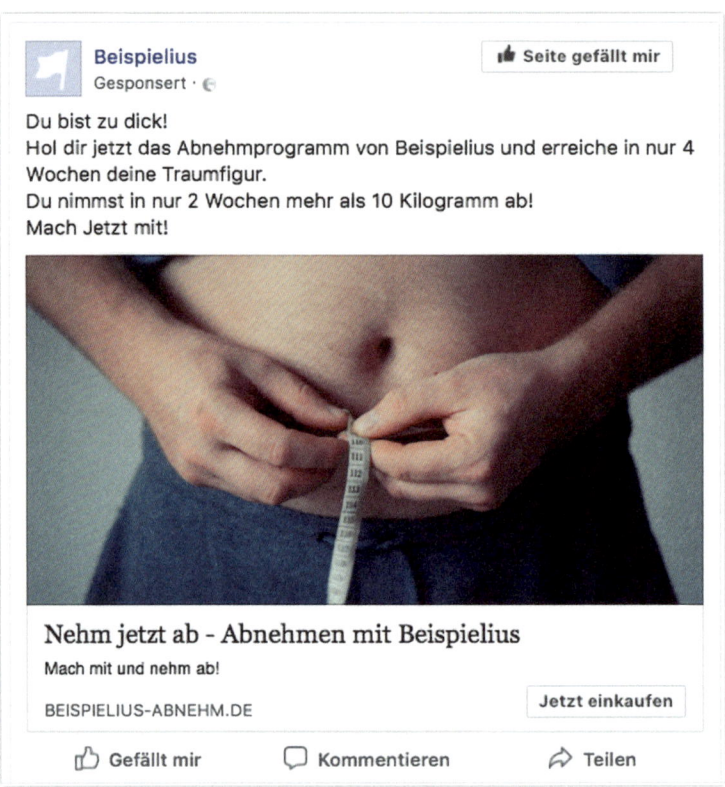

Diese Anzeigen sind missgelungen, denn

- Facebook verbietet in Bildern die Darstellung von übermäßig viel nackter Haut und von Maßbändern

- Der Nutzer darf nicht mit Negativeigenschaften wie „Dicksein" angesprochen werden

- Die Darstellung von mehr als 20 % Text im Bild ist verboten

- Werbung für Kryptowährungen ist auf Facebook verboten

- Sätze wie: „Nimm in so und so viel Zeit so viel ab oder verdiene so viel" sind verboten

- Der Link wird im Text nicht genannt

- Die Texte sind von zu starker werbender Natur

- Die Ansprache erfolgt viel zu direkt

- Die Anzeigen lesen sich nicht angenehm

- Der Vorteil für den Nutzer wird nicht klar herausgestellt

- Die Texte enthalten Schreibfehler

Grundsätzlich zeigt meine Erfahrung auch – vor allem bei der Ansprache kalter Zielgruppen: Videos funktionieren oft besser als Fotos und erzielen eine höhere Verbreitung. Außerdem bietet ein Video natürlich bessere Möglichkeiten, den Nutzer audiovisuell einzufangen und ihm während der Betrachtungszeit Argumente oder Produkte zu präsentieren. Besonders interessant sind Videos, die einen Mehrwert enthalten, wie z. B. Beratungsvideos oder Videos mit Alltagstipps oder speziellen Produkttipps. Solche Beiträge werden von den Nutzern selbst weiterverbreitet – immer mit dem Link auf unsere Landingpage.

Wenn man Videos verwendet, sollte man aber einen wichtigen Punkt beachten: Viele Facebook-Nutzer haben die Tonwiedergabe deaktiviert, da sie sich das Video vielleicht unterwegs ansehen oder während sie bei der Arbeit sind. Fügt man seinen Videos Untertitel hinzu, dann kann man die Abbruchquote noch einmal drastisch reduzieren.

Wir machen sehr gute Erfahrungen mit Videos zwischen 30 und 90 Sekunden Dauer. Allerdings können auch längere Videos (bis zu 5 Minuten) hervorragende Ergebnisse erzielen, insbesondere wenn das Angebot/Produkt sehr erklärungsbedürftig ist. Ein Beispiel dafür wäre unser 90DAYS-Programm: Weil hier etwas mehr Erklärungsbedarf besteht, arbeiten wir mit längeren Videos und konnten damit sehr gute Ergebnisse erreichen. Grundsätzlich hat Video-Content eine sehr intensive Wirkung auf die Zielgruppe, zumal er neben dem Performance-Aspekt auch stark die Brand vermittelt.

Außerdem:

Zeigen Sie Gesichter: Menschen klicken häufiger, wenn ein Gesicht im Vordergrund steht. Außerdem gibt dieses Vorgehen Ihnen die Möglichkeit, Ihre Marke zu personifizieren und so eine persönlichere Bindung zu erzeugen.

Verwenden Sie starke Farben: Durch starke Farben und Kontraste grenzt sich Ihre Anzeige von anderen ab und fällt auf.

Text

Der Text ist neben den Creatives die wichtigste Möglichkeit, in Ihrer Facebook-Anzeige den Nutzer direkt anzusprechen und davon zu überzeugen zu klicken. Dafür folgt der

Text idealerweise einem bestimmten Ablauf. Sowohl die Überschrift als auch der Beginn des Textes werden am häufigsten gelesen. Hier muss also die Zielgruppe direkt mit einem spezifischen Bedürfnis oder Mehrwert angesprochen werden.

Gelingt dies – auch in Kombination mit den Creatives –, dann liest der Nutzer mit hoher Wahrscheinlichkeit weiter. Anschließend beginnt die Argumentation, um den Nutzer in Richtung des Klicks zu lenken. Man kann z. B. in Aussicht stellen, dass auf der Landing-page weitere nützliche Informationen oder Möglichkeiten warten. Während also die erste Hälfte des Textes den Zweck hatte, den Nutzer anzusprechen und zu fesseln, soll er nun dazu gebracht werden, den nächsten Schritt zu gehen – zu interagieren.

So kann man die Verbreitung direkt ins Netzwerk der einzelnen Nutzer erweitern, denn diese bekommen dann den Hinweis eingeblendet, dass ein Freund den Beitrag kommen-tiert hat.

Alles, was ich über die Ansprache der Zielgruppen in Verbindung mit den Creatives gesagt habe, gilt natürlich uneingeschränkt auch für den Text. Außerdem – das klingt eigentlich banal, wird aber leider dennoch häufig vergessen – sollten natürlich Creatives und Text aufeinander abgestimmt sein und eine kohärente Geschichte erzählen.

Die Erstellung einer guten Ad-Copy, also eines Werbetextes, wäre eigentlich ein Thema für ein separates Kapitel oder sogar ein separates Buch. Ich möchte Ihnen aber an dieser Stelle in Kürze alle wichtigen Eckpunkte vorstellen und gleich ein paar konkrete Tipps geben, damit Sie selbst sofort mit wirkungsvollen Texten für Ihre Facebook-Werbung loslegen können!

In einer Facebook-Werbeanzeige befindet sich der Text an drei verschiedenen Stellen: Es gibt zunächst den Text über dem Bild, der auf 90 Zeichen begrenzt ist. Dann gibt es den Text in der Überschrift des Links, der auf 25 Zeichen begrenzt ist. Und zuletzt gibt es noch den Text des Links, der auf 30 Zeichen begrenzt ist.

Darüber hinaus ist es möglich, im Anzeigenbild Text zu platzieren. Hier gibt es grund-sätzlich eine Begrenzung auf 20 % der Bildfläche. Das bedeutet, dass wenn man das Bild in gleich große Segmente aufteilen würde, maximal 20 % der Segmente Text enthalten dürften, also jedes 5. Segment. Diese Regel wird zwar zunehmend weniger restriktiv angewendet – Anzeigen mit sehr hohem Textanteil im Bild werden aber immer noch häufig gesperrt.

Eine weitere wichtige Besonderheit bei Facebook ist der Relevance Score. Dieser entsteht durch die Häufigkeit der Nutzerinteraktionen mit der Anzeige – also durch Klicks, Likes und Shares. Je höher dieser Relevance Score ist, desto häufiger und besser wird die Anzeige platziert, und gleichzeitig sinken die Kosten pro Interaktion. Ein hoher Relevance Score kann also dazu beitragen, eine Kampagne effizienter und kostengünstiger zu machen. Deshalb ist eine der wichtigsten Aufgaben einer AdCopy für Facebook, den Nutzer zur Interaktion anzuregen.

Doch wie kann man das erreichen? Statt einen ausführlichen Exkurs in die Psychologie von Sprache und Überzeugung vorzunehmen, beschränke ich mich hier auf ein paar konkrete Tipps, die oft den entscheidenden Unterschied machen:

Tipps zur Steigerung des Relevance Score

Definieren Sie ein klares Ziel für die Anzeige	Dieses muss dann die Argumentation im Anzeigentext prägen und auch zum Bild und zum Call-to-Action passen. Sie haben mehrere Ziele (verkaufen, informieren, Leads sameln)? Dann erstellen Sie mehrere Anzeigen!
Definieren Sie eine klare Zielgruppe	Auch die Ansprache Ihrer Zielgruppe sollten Sie konsequent durchhalten. Bei mehreren oder unterschiedlichen Zielgruppen erstellen Sie ebenfalls mehrere Anzeigen.
Verwenden Sie direkte Ansprache (Du/Sie)	Wenn man die Ansprache allgemein hält, wirkt das allgemein und unverbindlich. Das langweilt die Leser. Wecken Sie die Nutzer auf, indem Sie sie direkt ansprechen!
Seien Sie konsequent, ehrlich und eindeutig bei Versprechen und CTA	Das erhöht das Vertrauen des Lesers und daher die Klick- und Conversion-Rate
Stellen Sie den Nutzen in den Vordergrund	Zum Beispiel, indem Sie ein Problem und das Versprechen der Lösung ansprechen. Beispiel: „Zweitschlüssel verloren?" für einen Schlüsselservice.
Nutzen Sie Emotionen	Der Einsatz von emotionalen Triggern schafft Aufmerksamkeit, erzeigt eine Verbindung mit dem Nutzer und unterstützt die Argumentation – muss aber zum Thema bzw. Produkt passen.

Bieten Sie verschiedene Einstiegspunkte	Wiederholen Sie nicht nur ein Argument, sondern bieten Sie mehrere Möglichkeiten für den Nutzer, sich angesprochen zu fühlen. Heben Sie sich auch von den Argumenten der Mitbewerber ab! Es müssen keine anderen Argumente sein, aber möglichst anders formuliert.
Stellen Sie die Argumente über die Brand	Die Brand erfährt der Nutzer aus dem Namen Ihres Facebook-Acoounts. Nutzen Sie den wenigen Platz lieber für die Vorteilsargumentation!
Nutzen Sie Ziffern und Sonderzeichen	Das spart Platz und lockert den Text deutlich auf.
Achten Sie auf positive, saubere Sprache	Mehr dazu erfahren Sie gleich. Lassen Sie aber bitte die Texte unbedingt nach dem 4-Augen-Prinzip auf Rechtschreibfehler prüfen – es ist sehr ärgerlich, wenn Sie Ihr Werbebudget dafür einsetzen, einen peinlichen Tippfehler zusammen mit Ihrer Werbenachricht zu verbreiten.
Schreiben Sie witzig und humorvoll	Natürlich nur dann, wenn es passt – die meisten Facebook-Nutzer sind aber für eine Erheiterung sehr dankbar, da sie die Plattform zur Zerstreuung und Unterhalten nutzen. Witzig ist etwas aber nur dann, wenn auch andere darüber lachen!

Am besten machen Sie sich für die ersten Anzeigen ein Template, sodass Sie die Zeichenbegrenzungen automatisch beachten. Mit der Zeit bekommen Sie sicher etwas Übung darin, Ihre Nachricht genau in diesem Rahmen so auszudrücken, wie Sie es möchten!

Außerdem macht es Sinn, sich eine Checkliste mit den genannten Tipps zu erstellen. Wenn Sie alle Anzeigen mithilfe dieser Checkliste anfertigen, dann stellen Sie sicher, dass jeder einzelne Anzeigentext im Hinblick auf seine Wirkung optimal gestaltet ist.

Nun wartet noch eine weitere hilfreiche Checkliste auf Sie, die Sie sich am besten kopieren und an Ihren Arbeitsplatz hängen. Denn während Sie Anzeigentexte schreiben, kann es immer wieder sinnvoll sein, noch einmal nachzusehen, ob Sie wirklich überzeugende Wörter verwenden – oder Hohlphrasen, die die Nutzer langweilen und abschrecken. Am besten beginnen wir mit den **Wörtern, die besonders wichtig sind,** wenn Sie Menschen überzeugen wollen:

Überzeugen Sie Menschen mit besonders wichtigen Wörtern

neu	Das ist natürlich kein Geheimnis. Niemand will etwas Altes. Hinter „neu" verbirgt sich immer die Assoziation „unbekannt", aufregend" – und schon lesen Die Nutzer weiter.
exklusiv	Fast so stark wie „einzigartig", denn niemand will das, was alle anderen haben – aber es klingt seröser und ist deshalb sinnvoller.
du/sie	Je persönlicher die Ansprache ist, desto geringer ist die Chance, dass der Text vom Nutzer ignoriert wird. Damit können auch Assoziations-ketten von allgemeinen Problemen hin zu eigenen Problemen gebaut werden.
gratis/kostenlos	Texte, die diese Wörter enthalten, sind zu verlockend, um sie einfach zu ignorieren. Wer will schon verpassen, dass er etwas gratis bekommen könnte?
jetzt/sofort	Geduldig zu sein, ist einfach anstrengend. Die Wörter „jetzt" und „sofort" versprechen schnelle Erlösung vom lästigen Warten – und wirken deshalb äußerst attraktiv auf die Leser. Der Call-to-Action „Klicken Sie jetzt!" beschleunigt z. B. die Entscheidung des Nutzers.
Vorteil	Nehmen Sie dem Nutzer den Aufwand ab, Ihr Angebot selbst zu analy-sieren, indem Sie klar auf die Vorteile verweisen. Das Wort „Vorteil" sagt dem Leser, an welchen Stellen er aufmerksam sein soll.
risikofrei	Hinter vielen tollen Angeboten verbergen sich versteckte Risiken – das macht die Nutzer skeptisch. Wenn Sie ausdrücklich darauf hinweisen, dass Ihr Angebot risikofrei ist, dann nehmen Sie dem Leser eine große Sorge von den Schultern.formuliert.
weil	Die Wirkung dieses Wortes grenzt fast an Zauberkraft. Schon 1977 wurde in einem Experiment an der Harvard-Universität nachgewiesen, dass Personen deutlich häufiger am Kopierer vorgelassen wurden, wenn Sie in Ihrer Bitte das Wort „weil" verwendeten – völlig unabhänig davon, ob sie eine sinnvolle Begründung gaben"

Genauso wichtig wie die Checkliste mit den Wörtern, die Sie in Ihren Anzeigen unbe-dingt verwenden sollten, ist natürlich auch eine Checkliste mit den **Wörtern, die Sie unbedingt vermeiden sollten:**

Vermeiden Sie diese Wörter

Fremdwörter	Sollten nur dann verwendet werden, wenn es wirklich wichtig ist. Sie erschweren die Lesbarkeit des Textes und können sogar dazu führen, dass der Text falsch oder gar nicht verstanden wird.
Problem	Genau wie andere negative Wörter sollte es vermieden werden, von einem „Problem" zu sprechen – schlimmstenfalls bekommen die Nutzer davon durch negative Assoziationen schlechte Laune.
Wir glauben	Glauben Sie oder wissen Sie, dass Ihr Produkt das Problem löst? Ganz genau diese Frage wird sich der Nutzer unterbewusst stellen. „Wir glauben" klingt einfach nicht sehr überzeugend.
im Grunde genommen	Hohlphrasen, die nichts bringen, klauen den Platz für überzeugende Argumente.
Passivformen	Versuchen Sie, im Aktiv zu schreiben. Argumente, die im Passiv formuliert werden, wirken weniger überzeugend.
10 Dinge	Was sind „Dinge"? Formulieren Sie lieber etwas spezifischer, z. B. „10 Abnehmtricks" oder „10 große Fehler".
sehr	Klingt oft amateurhaft und nicht besonders glaubwürdig. Suchen Sie lieber Alternativen, oder lassen Sie es einfach weg!
sensationell	Dieses Reizwort haben wir alle schon zu oft gelesen, und es verursacht vor allem Langeweile.
Hilfsverben	Sein, haben, werden – diese Wörten sollten Sie nicht unnötig oft verwenden. Sie überzeugen kaum und stehlen den Platz für überzeugende Argumente.

Natürlich kann man nie zu 100 % vorhersehen, welche Anzeige mit welchem Text einschlägt und viral wird – und welche Anzeige kaum bis gar nicht funktioniert. Wenn Sie all diese Tipps für den Text beachten, dann haben Sie schon viele mögliche Hürden aus dem Weg geräumt. Für die letzten Meter auf dem Weg zur erfolgreichen Werbeanzeige müssen Sie aber A/B-Tests durchführen. Nur so finden Sie heraus, welche Formulierung für Ihr spezifisches Produkt und Ihre spezifische Zielgruppe zu einem spezifischen Zeitpunkt am besten funktioniert.

Link

Der Link dient der Weiterleitung des Nutzers und nicht seiner Ansprache, deshalb wird er häufig vergessen. Er ist aber das Nadelöhr, durch das der Nutzer muss – und verdient deshalb an dieser Stelle eine eigenständige Erwähnung. Ganz kurz gesagt: Es ist wirklich wichtig, dass der Nutzer den Link klickt. Deshalb sollten wir den Link idealerweise an mehreren Stellen positionieren, um es dem Nutzer möglichst leicht zu machen. Typische Positionen für einen Link in einem Beitrag sind:

- hinter dem Foto/Video/der Überschrift: für den Nutzer nicht zu sehen, aber intuitiv nutzbar. Ist automatisch vorhanden;

- am Ende des Werbetextes: Hier leitet der Link sinnvoll von der Argumentation zu weiteren Schritten über;

- im CTA-Button: Optional können Call-to-Action-Buttons hinzugefügt werden, wie z. B.: „Mehr dazu".

Natürlich ist auch wichtig, dass das Angebot hinter dem Link dem entspricht, was dem Nutzer im Beitrag versprochen wurde. Klickt der Nutzer auf einen Beitrag mit „10 Tipps zum erfolgreichen Abnehmen" und kommt dann direkt auf eine Bestellseite, bricht er möglicherweise ab. So ein Bruch ist für den Nutzer unangenehm und wirkt sich auch darauf aus, wie Facebook die Anzeige bewertet und platziert.

Es ist auffällig, wie oft ich darauf hinweise, die Anzeige auf die Zielgruppe abzustimmen. Bevor Sie also damit loslegen, sich Creatives und Texte zu überlegen, sollten wir uns nun nun erst einmal mit den Zielgruppen befassen – und damit, wie Sie die verschiedenen Zielgruppen auf Facebook erreichen.

Audience Insights

Die Audience Insights von Facebook können Ihnen dabei helfen, tiefgehende Informationen über Ihre Zielgruppe in Erfahrung zu bringen, wie z. B. über die demographischen Merkmale und Interessen der angestrebten Zielgruppe. Diese Informationen ermöglichen es Ihnen, potentielle Kunden besser kennenzulernen und die notwendigen Kampagnenstrategien voll uns ganz auf sie auszurichten.

Die Audience Insights sind ein kostenloses Facebook-Tool, das es Ihnen ermöglicht, Ihre Zielgruppe genauestens zu untersuchen. Ihre Zielgruppe lässt sich anhand folgender Merkmale analysieren:

- Demographische Angaben wie Alter, Geschlecht Beziehungsstatus, Beruf oder Ausbildungsstand
- „Gefällt-mir"-Angaben anderer Seiten
- Wohnort
- Sprache
- Aktivität auf Facebook
- Nutzung des Endgerätes

Diese Daten stellt Facebook anonym zur Verfügung, es können also keine Rückschlüsse auf Privatpersonen geschlossen werden.

Für die Audience Insights haben Sie die Auswahl zwischen drei Zielgruppenoptionen. Sie können dabei zwischen allen Personen auf Facebook, den Personen, die mit Ihrer Seite verbunden sind, und einer Customer Audience wählen. Diese Entscheidung kann jederzeit individualisiert und angepasst werden.

Nachdem Sie alle Details für die gewünschte Zielgruppe bestimmt und angepasst haben, kann die analysierte Zielgruppe unter einem entsprechenden Namen abgespeichert werden, was es Ihnen ermöglicht, ganz gezielt die jeweilige Kampagnenstruktur anzupassen und der Zielgruppe entsprechend zu gestalten.

Conversion-Optimierung

In den letzten Monaten und Jahren hat Facebook stark am Algorithmus zur Optimierung der Conversion gearbeitet und vieles optimiert. Die Kampagne wird mit der Zeit immer besser, weil der Pixel aus Vergangenem lernen kann.

Facebook hilft Ihnen als Werbetreibendem, das „geeignete" Publikum mit Ihrer Anzeige zu erreichen. Im Idealfall also Personen, die die von Ihnen gewünschten Handlungen durchführen. Eine Handlung kann dabei einen Link-Klick darstellen oder einen Kauf in Ihrem Online-Shop.

Facebook sammelt und vergleicht alle Daten

Im Lauf einer Kampagne sammelt und vergleicht Facebook alle Daten von Nutzern, die eine anfangs festgelegte Handlung durchgeführt haben. Um einen schlüssigen Zusammenhang zwischen den Daten herstellen zu können, benötigt Facebook die Daten von mindestens 50 Personen.

Die wichtigste Voraussetzung zur Conversion-Optimierung ist Wissen – Wissen über Ihre Kunden. Denn Facebook muss anhand eines Algorithmus herausfiltern, bei welchen Personen innerhalb Ihrer Zielgruppe die Wahrscheinlichkeit zur gewünschten Conversion am höchsten ist.

Dieser Algorithmus funktioniert allerdings erst dann, wenn er mit genügend Conversions beliefert wird. Facebook empfiehlt dazu, pro Anzeigengruppe mehr als 50 Conversions pro Woche zu erreichen, als gute Grundlage für den Pixel- denn erst ab diesem Zeitpunkt erzielt man effiziente Ergebnisse, und alles, was darunter erreicht wird, dient nur der Lehre des Pixels. Sollte dies nicht der Fall sein, haben Sie zwei Möglichkeiten, die ausreichende Datenmenge über Ihre Zielgruppe zu generieren:

1. Sie können die Auslieferung für eine Conversion, die häufiger vorkommt, verbessern. Also bspw. verbessert man dann das Conversion Event, das im Bestellprozess früher durchgeführt wird: „Zum Warenkorb hinzufügen" gegen „Kauf abschließen".

2. Sie können die Auslieferung einer Conversion für Link-Klicks verbessern, um zunächst ein größeres Publikum auf die Website zu bringen. Die Methode dahinter: Sind erst mal mehr Menschen auf Ihrer Website, werden auch mehr Daten für den Algorithmus gesammelt.

Aber Achtung: Kommt es nie zu einer Conversion (z. B. wenn die Seite lange Ladezeiten hat oder die Nutzerfreundlichkeit der Landingpage zu wünschen übrig lässt), dann kann auch diese Funktion letztendlich keine Wunder bewirken!

Lookalike Audiences

Die richtige Zielgruppe ist bei Facebook das A und O. Die Zielgruppe mit den richtigen Ads zu bespielen, ist dabei eine der wichtigsten Faktoren für eine erfolgreiche Kampagne, vor allem wenn es darum geht, neue Kunden zu generieren.

Viele Werbetreibende stellen sich immer wieder die Frage, welche Methode am besten dazu geeignet ist, Neukunden zu gewinnen.

Die Lookalike Audiences sind dafür ein fabelhaftes Instrument.

Lookalike Audiences sind (übersetzt) Zwillingszielgruppen Ihrer eigenen Reichweite. Das bedeutet, es werden Menschen gesucht, die Ihren Kunden sehr ähnlich sind und gleiche Nutzermerkmale aufweisen. Es handelt sich dementsprechend um ein Instrument, das Ihre eigene, bereits vorhandene Reichweite skaliert.

Um eine Lookalike Audience zu erstellen, benötigen Sie immer eine Ausgangsquelle, die auch als als Source Audience bezeichnet wird. Facebook analysiert dann diese Ausgangsquelle (bspw. die Käufer in Ihrem Online-Shop) bei der Erstellung einer Lookalike Audience und nutzt dazu bisher gesammeltes Wissen über die eigenen User.

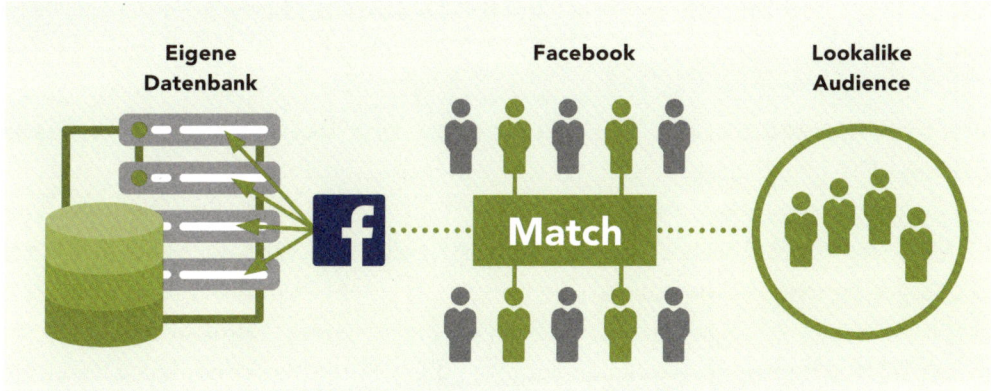

Als Ausgangsquelle für eine Lookalike Audience lassen sich nur Daten nutzen, die Ihnen selbst gehören. Als Quellen dienen verschiedene Arten der Custom Audiences:

Website Custom Audiences

- Custom Audiences auf Basis Ihrer Kundendaten
- Mobile App Custom Audiences
- Fans der Fanpage
- etc.

Innerhalb diese Gruppe können Sie noch einmal zwischen dynamischen und statischen Lookalike Audiences unterscheiden.

Statische Lookalike Audiences aktualisieren sich nur dann, wenn auch die statische Ausgangsquelle aktualisiert wird. Dynamische Audiences hingegen aktualisieren sich selbstständig alle 3 bis 7 Tage.

Die Gesamtgröße einer Lookalike Audience hängt immer davon ab, wie groß die Anzahl aller User Ihres Landes ist. Entscheidend für den Erfolg Ihrer Lookalike Audience ist am Ende aber nicht die Größe der Source Lookalike Audience, sondern die Qualität. Lookalike Audiences sind extrem stark und häufig sogar wesentlich stärker als andere Zielgruppen, weil der Facebook-Algorithmus auf unzählige User-Signale zurückgreifen kann und damit in der Lage ist, enorm gutes „Profiling" zu betreiben. Darum empfehle ich immer den Einsatz von Lookalike Audiences, wobei wir diesen Punkt in dem Kapitel „Erfolgreiches Targeting mit Facebook" noch einmal genauer betrachten werden.

Zum Spion werden: Wie Sie die Konkurrenz bei Facebook auslesen können

Die Mitbewerber bei Facebook auszulesen, lässt sich kaum vermeiden: Da nach Interessen targetiert wird, bekommt man, wenn man in einer bestimmten Branche tätig ist, automatisch auch Anzeigen aus dieser Branche eingeblendet. Dann ist es oftmals sehr interessant zu schauen, nach welchen Faktoren diese Mitbewerber targetiert haben: mit einem Klick auf die drei Punkte oben rechts in der Anzeige können Sie sich immer sofort anschauen, warum Sie diese Anzeige zu sehen bekommen haben.

Das ist aber noch kein besonders strukturiertes Vorgehen. Als sinnvoll haben sich folgende Wege erwiesen:

Erstens können Sie sich einfach wie Ihre Zielgruppe verhalten. Sie suchen Anbieter, klicken und liken deren Beiträge und Werbeanzeigen und tun alles, was ein aktiver „Fan" sonst tun würde. Dazu gehört ggf. auch, sich für die Newsletter verschiedener Anbieter zu registrieren. Außerdem können Sie bei jeder Anzeige, die Ihnen weiterhilft, die Option „Diese Anzeige war hilfreich" auswählen. Das führt dazu, dass Sie mehr Anzeigen dieser Art, also auch von mehr Mitbewerbern, angezeigt bekommen. Es kann auch hilfreich sein, die Websites der Mitbewerber zu besuchen. Dort können Sie z. B. Produkte in Ihren Einkaufswagen legen, um im Remarketing produktspezifische Anzeigen zu provozieren.

Dann werden Sie an einigen Stellen schnell spüren, wie sich der Funnel verengt: Sie werden auf verschiedene Landingpages und Angebote geleitet, und die Tonalität der Anzeigen, die Ihnen eingeblendet werden, verändert sich. Denn von der kalten Zielgruppe wechseln Sie nun in die warme Zielgruppe oder in spezifische Custom Audiences. Beobachten Sie genau – und notieren Sie sich Ihre Beobachtungen! Denn Strategien, die gut funktionieren, können Sie einfach 1:1 übernehmen. Natürlich nur die Strategien und nicht die gesamte Kampagne! Sie wollen sich ja auch von Ihrem Mitbewerber unterscheiden.

Dabei sollten Sie auf folgende Dinge achten:

- Anzeigenbilder, Videos und Ad-Copys
- Landingpages und Funnel-Strategien
- Retargeting-Strategien, nachdem Sie die Website besucht haben

Zweitens können Sie verschiedene Analyse-Tools verwenden, um mehr Informationen über die Facebook-Aktivitäten Ihrer Mitbewerber zu erhalten:

- Fanpage Karma: Nach der Eingabe der Fanpage-ID erhalten Sie umfangreiche Informationen über Aktivitäten des Mitbewerbers und seiner Fans. Beiträge werden nach Kategorien und Erfolg strukturiert dargestellt und bieten einen guten Überblick über erfolgreiche Themen. Außerdem werden Multiplikatoren unter den Fans identifiziert. Sie finden das Tool unter: http://www.fanpagekarma.com

- In der Anzeigengalerie von AdEspresso können Sie sich aus über 15.000 verschiedenen Werbeanzeigen Beispiele aus fast jeder denkbaren Branche und für eine Vielzahl von Produkten anzeigen lassen – eine perfekte Möglichkeit, um Inspiration zu finden und zu sehen, welche Themen zu welchen Produkten passen. Sie finden das Tool unter: https://adespresso.com

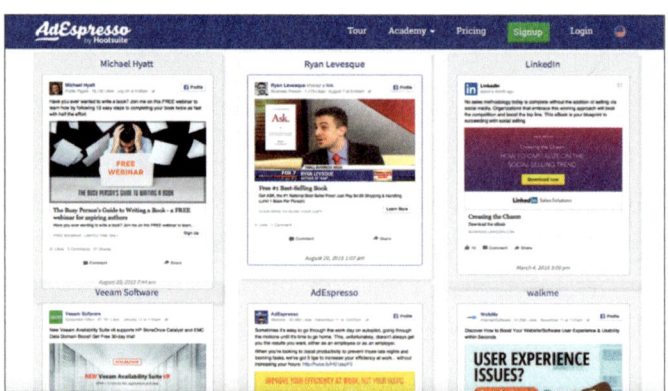

- Auch mit Moat lassen sich die Designs der Werbeanzeigen Ihrer Mitbewerber schnell und übersichtlich ausspionieren. Sie finden das Tool unter: https://moat.com/

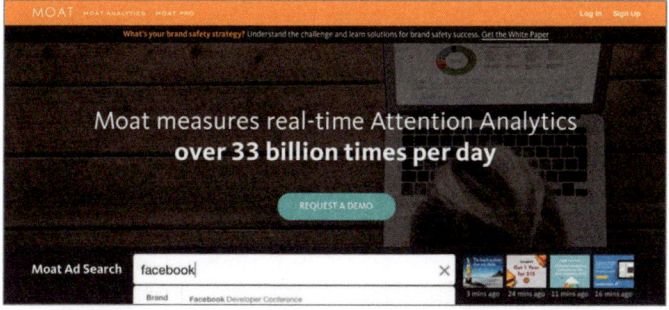

Grundsätzlich ist es natürlich nicht ratsam, Bilder und Ad-Copys einfach von Ihren Mitbewerbern zu stehlen. Das wäre auch aus urheberrechtlicher Sicht gar nicht zulässig. Die Vorlagen können Ihnen allerdings dabei helfen, grundsätzliche Fragen zur Gestaltung zu klären, wie z. B. ob ein sachliches oder ein emotionales Motiv besser zum Produkt passt oder welche Farbgestaltung die Zielgruppe möglicherweise bevorzugt.

Erfolgreiches Targeting mit Facebook

Die imposanten Nutzerzahlen von Facebook entfalten ihr volles Potential in der Kombination mit den detaillierten Targetierungsmöglichkeiten, die die Plattform bietet. Natürlich nur, wenn man die zur Verfügung stehenden Optionen richtig und passend zu den eigenen Zielvorstellungen nutzt.

Deshalb gehe ich jetzt auf das Thema Targeting ein oder auf die Frage: Welche Möglichkeiten bietet Facebook mir, meine Zielgruppen zu definieren? Viele der Begriffe haben wir bereits verwendet: z.B. Custom Audiences oder Lookalike Audiences und auch Remarketing. Hier wird nun erklärt, was diese Möglichkeiten in der Praxis überhaupt bedeuten und wie Sie sie für sich einsetzen können.

a) Custom Audiences

Wie bereits erwähnt, zahlt es sich aus, mit heißen Zielgruppen zu beginnen. Das sind z.B. Personen, die bereits bei uns gekauft haben. Diese Zielgruppe kauft mit der größten Wahrscheinlichkeit, wenn sie eine Anzeige sieht, und kann direkt mit Angeboten angesprochen werden – sie ist also besonders „pflegeleicht". Ein guter Weg, die heiße Zielgruppe anzusprechen, bieten Custom Audiences. Es bestehen mehrere Möglichkeiten, aus welcher Quelldatei man eine Custom Audience erstellt:

- Der Facebook-Pixel auf Ihrer Website (mehr dazu beim Thema Retargeting)
- Ihre Kundenliste (die heißeste Zielgruppe)
- Ihre Newsletter-Liste (eine warme bis heiße Zielgruppe)
- Interaktionen bei Facebook (mehr dazu beim Thema Interaktionen)

Nehmen wir als Beispiel einmal die Kunden- oder Newsletter-Liste: Sie laden die Liste der E-Mail-Adressen in der Kampagnenverwaltung hoch – und Facebook identifiziert die Personen in seinem Netzwerk und spielt an genau diese Personen die Werbeanzeige aus. So können Sie Ihre Kunden und Interessenten auch außerhalb Ihrer Newsletter ansprechen.

Umgekehrt können Custom Audiences auch verwendet werden, um bestimmte Adressaten auszufiltern. Ein Beispiel: Sie möchten eine Neukundenkampagne bei Facebook starten und einen Neukundenrabatt bewerben. Für Ihre bestehenden Kunden ist das nicht interessant, doch weil Sie sehr breit streuen, sind Überschneidungen möglich. Also verwenden Sie Ihre Kundenliste einfach als Ausschlussliste – und Ihre bestehenden Kunden werden automatisch von der Anzeigenschaltung ausgenommen.

b) Lookalike Audiences

Mit Lookalike Audiences erstellen wir aus einer bestehenden Zielgruppe eine neue, größere Zielgruppe, die statistisch mit unserer bestehenden Zielgruppe übereinstimmt – also aus Personen mit den gleichen demographischen Merkmalen und einer ähnlichen Kombination von Interessen besteht. Mit Lookalike Audiences kann man also nach Wunsch bestehende Zielgruppen ausweiten und sich so eine größere Reichweite bei potentiellen Kunden oder Interessenten verschaffen. Deshalb sind sie ein besonders sinnvolles Feature, wenn man skalieren möchte.

Üblicherweise erstellt man eine Lookalike Audience aus einer Custom Audience. Das kann völlig unterschiedliche Zwecke haben: Erstellt man bspw. eine Lookalike Audience aus der Kundenliste, dann erhält man eine sehr warme Zielgruppe. Erstellt man eine Lookalike Audience aus den Interaktionen bei Facebook, ist die Zielgruppe möglicherweise nicht besonders warm. Es ergeben sich aber interessante Gestaltungsmöglichkeiten – mehr dazu beim Thema Interaktionen.

c) Demographie

Wenn man kalte Zielgruppen erreichen möchte, kann man mit nach verschiedenen demographischen Faktoren optimierten Kampagnen beginnen, die an Zielgruppen ausgespielt werden, die nach genau diesen demographischen Faktoren strukturiert sind.

Natürlich kann man mit einem Demographiefilter extrem große Zielgruppen adressieren – z.B. alle Männer oder Frauen eines bestimmten Altersbereichs. Man kann aber auch detailliertere Einstellungen vornehmen und z.B. nach Wohnorten oder Interessen filtern. Grundsätzlich sind demographisch ausgewählte Audiences aber in der Regel lange nicht so effizient wie Custom oder Lookalike Audiences.

Sie sind allerdings sehr hilfreich zum Testen. So kann man bspw. eine Kampagne mit einer sehr breit gestreuten Zielgruppe – etwa Männer über 30 Jahre – starten. Nach einigen Tagen erstellt man dann aus den Personen, die mit der Anzeige interagiert haben (Klicks, Likes, Kommentare) eine neue Lookalike Audience. Und schon erreicht man potentielle Kunden sehr viel präziser.

d) Retargeting

Retargeting bedeutet, Kunden, die sich für Ihre Dienstleistungen oder Produkte bereits interessiert haben, wieder anzusprechen. Diese Werbeform ist sehr beliebt und ist Ihnen sicher als Internetnutzer selbst schon einmal begegnet. Sie haben bei Facebook auf eine Anzeige geklickt, sich dann im Online-Shop das Produkt angesehen, es vielleicht sogar in den Warenkorb gelegt – aber nicht gekauft. In den folgenden Tagen begegnet Ihnen das Produkt immer wieder. Und immer wieder müssen Sie sich innerlich der Frage stellen, ob Sie es nicht vielleicht doch noch kaufen wollen.

Eine wichtige Rolle für Retargeting-Werbung spielt der sogenannte Facebook-Pixel. Das ist ein kleiner Code-Schnipsel, der auf Ihrer Landingpage, auf Ihrer Website oder in Ihrem Online-Shop eingebaut wird. Darüber kann Facebook verwalten, wie jemand, der auf eine Anzeige geklickt hat, sich auf der nachfolgenden Website verhält. Vor allem kann Facebook so erkennen, welche Produkte sich der Nutzer ansieht und ob er z. B. Produkte in den Warenkorb legt oder kauft.

Die mit diesem Facebook-Pixel gesammelten Daten sind der Ausgangspunkt für das Remarketing mit Facebook. Denn so lassen sich Nutzer nach der Interaktion mit der Landingpage oder dem Online-Shop weiterverfolgen und direkt mit Folge- oder Alternativangeboten ansprechen.

e) Interaktionen

Auch aus den Interaktionen der Nutzer mit Ihren Facebook-Beiträgen lassen sich wertvolle Daten gewinnen. Ein Beispiel: Wir veröffentlichen und bewerben einen informativen Beitrag über Verkehrssicherheit für Fahrradfahrer. Facebook-Nutzer werden diesen Beitrag liken, teilen und kommentieren – sofern er für sie einen Mehrwert enthält.

Dann erstellen wir eine Werbeanzeige, in der wir das Sortiment an Fahrradsicherheitszubehör in unserem Fahrradladen bewerben. Außerdem erstellen wir aus der Custom Audience mit Personen, die mit unserem Beitrag interagiert haben, eine Lookalike Audience. An diese Personen wird die Werbeanzeige dann gezielt ausgespielt, denn wir können annehmen, dass sie sich aktuell für das Thema Fahrradsicherheit interessieren – sie haben ja mit dem anderen Beitrag interagiert.

Um diese Targeting-Möglichkeiten mit dem größtmöglichen Erfolg einzusetzen, muss natürlich alles im Detail aufeinander abgestimmt sein. Das bedeutet, dass sowohl die Anzeige als auch der jeweilige Funnel, der mit der Anzeige beginnt, auf die jeweilige Zielgruppe mit ihren Interessen, Bedürfnissen und ihrer Temperatur ausgerichtet sind.

Die richtige Gebotsstrategie wählen und umsetzen

Bei Facebook stehen grundsätzlich zwei verschiedene Gebotsstrategien zur Verfügung: Optimierung für Klicks, dann sind die Cost-per-Click (CPC) der Basiswert. Oder Optimierung für Impressionen, dann ist der Tausend-Kontakt-Preis oder Cost-per-Mille (CPM) der Basiswert.

Cost-per-Click (CPC)
Abgerechnet wird jeder Nutzer,
der auf die Anzeige klickt.

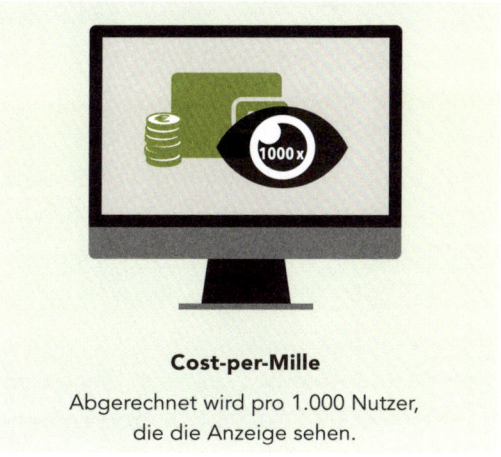

Cost-per-Mille
Abgerechnet wird pro 1.000 Nutzer,
die die Anzeige sehen.

Wird die Optimierung für Klicks ausgewählt, dann spielt Facebook die Anzeige bevorzugt an Personen aus, die vermutlich auch damit interagieren werden – hier zählt übrigens ein „Like" genauso wie ein Klick auf den Link zur Website. Sie geben ein Gebot pro Klick an, was dann die Position Ihrer Anzeige gegenüber anderen Mitbewerbern in Relation zu deren Geboten bestimmt.

Bei der Optimierung für Impressionen sind verschiedene Optionen möglich. Erstens kann auf bestimmte Aktionen optimiert werden – z. B. den Klick auf „Like" oder den Verkauf eines Produktes im Online-Shop. Die Abrechnung erfolgt trotzdem nach Impressionen, die Werbeeinblendung wird aber vor allem an Personen ausgespielt, bei denen eine entsprechende Aktion am wahrscheinlichsten ist. Die Informationen für diese Vorhersage bezieht Facebook aus seinen eigenen Statistiken.

Zweitens ist eine Optimierung der Einblendungen dahingehend möglich, dass Werbeanzeigen an möglichst viele Personen ausgeliefert werden und nicht möglicherweise mehrmals an dieselben Personen (täglich eindeutige Reichweite). Das ist sinnvoll für Kampagnen, bei denen man eine möglichst große Streuung erreichen möchte.

Drittens kann ganz einfach auf Impressionen optimiert werden, wobei Anzeigen möglicherweise auch derselben Person mehrmals angezeigt werden. Dies kann jedoch für bestimmte Arten von Kampagnen sinnvoll sein – vor allem dann, wenn man sichergehen will, dass die Anzeige nicht übersehen wird.

Auch auf einer weiteren Ebene kann man bei den Geboten strategisch vorgehen: bei der Höhe der Gebote selbst. Dafür stehen bei Facebook zwei Optionen zur Verfügung: Automated Bidding und Manual Bidding.

Beim Automated Bidding legt Facebook selbst die Gebote entsprechend dem zur Verfügung stehenden Budget fest. Dafür werden interne Algorithmen verwendet, die in der Regel sehr gut funktionieren. Deshalb ist diese Strategie für den Einstieg besonders beliebt – aber auch viele Profis sind von den automatisierten Geboten überzeugt.

Beim Manual Bidding legt der Werbetreibende die Höhe der Gebote selbst fest. Mit etwas Erfahrung und einigen Tests kann man mit manuellen Gebotsstrategien ebenfalls erfolgreich sein oder reagieren, wenn das automatische Bieten nicht zum gewünschten Resultat geführt hat.

Grundregeln für eine erfolgreiche Kampagne

Diese Regeln gelten grundsätzlich für Werbekampagnen, die nach dem Prinzip von zeitgemäßem Funnel-Marketing durchgeführt werden. Ich werde sie hier noch einmal am Beispiel von Facebook erläutern, sie sind aber auch für alle folgenden Werbeformen mit den jeweiligen Anpassungen gültig.

Wer bis zu dieser Stelle aufmerksam gelesen hat, wird sicher viele der Regeln wiedererkennen. Ich habe alle bereits genannt – hier sollen sie aber noch mal in allen Details erklärt und übersichtlich zusammengestellt werden, damit Sie bei Ihren Kampagnen keine davon vergessen.

a) Alle Elemente greifen ineinander.

Um die Kunden möglichst gezielt von der ersten Aufmerksamkeit bis zum abgeschlossenen Verkauf oder Auftrag zu führen, müssen wir ihnen einen lückenlosen, kohärenten Weg bieten, auf dem wir sie möglichst nicht wieder verlieren. Dafür müssen alle Elemente der Werbekampagne möglichst optimal und nahtlos ineinandergreifen. Zu diesen Elementen gehören die Werbeanzeige mit Video- und Bildmaterial, die Landingpage mit Video- und Bildmaterial, die Unternehmens-Page bei Facebook, die sauber definierte Zielgruppe, das Werbebudget und das Tracking. Und natürlich, und das darf man unter keinen Umständen vergessen: das zu verkaufende Produkt oder die angebotene Dienstleistung.

Bei komplexeren Kampagnen kann es sinnvoll sein, sich die Reise einzelner „Modellkunden" einmal aufzuzeichnen. Dabei skizziert man zunächst die verschiedenen Elemente und Stationen und zeichnet dann Linien für verschiedene Arten von möglichen Interessenten und Kunden. Dabei versucht man, sich die Erfahrung für den Nutzer vorzustellen: Welche Erwartungen weckt die Anzeige in ihm, und wird diese Erwartung auf der Landingpage bedient? Wird er gezielt über diese Erwartung in Richtung einer Aktion gelenkt? Führt der Weg direkt zu einer Kaufaufforderung?

Außerdem sollten wir natürlich die Kosten an den einzelnen Punkten ausrechnen und mit unserem Budget abgleichen. Nicht jedes Budget ermöglicht sofort eine Kampagne, die sich in Dutzende Anzeigenstränge für sehr konkrete Zielgruppen aufteilt. Und zu guter Letzt sollte das Tracking natürlich umfassend sein, funktionieren und sämtliche möglichen Eintritts- und Austrittswege abdecken.

b) EPA und CPA sind die wichtigsten Werte.

Auch an dieser Stelle erinnere ich noch mal an unsere beiden wichtigsten Kennzahlen. Bei allen Aktivitäten sollte es ein Ziel sein, ein optimales Verhältnis zwischen diesen herzustellen. Wenn man seinen verfügbaren Werbeetat pro Kunden kennt, kann man die Kampagnenkosten bereits vor dem Start der Kampagne veranschlagen und dann die laufende Kampagne daran messen.

Denn aus den CPA-Werten für einen erfolgten Lead bzw. Sale ergibt sich unter anderem, bei welchen Kosten die Kampagne deaktiviert werden sollte. Eine Lead-Kampagne sollte beim 10-fachen maximalen CPA-Preis deaktiviert werden. Bei Lead-CPA von 2 € bedeutet dies, dass man die Kampagne bei 20 € ohne erzielten Lead abbricht. Eine Sale-Kampagne sollte man beim 5-fachen maximalen CPA-Preis deaktivieren. Bei einem Sale-CPA-Wert von 50 € gilt es, bei Ausgaben von 250 € ohne erzielten Kauf abzubrechen.

So können unnötige Kosten vermieden werden, und das Budget kann effizient dort eingesetzt werden, wo es Käufe und Leads generiert.

c) Targeting von heiß zu kalt

Auch für diese Regel zählen EPA und CPA zu den Gründen. Denn wenn wir mit einer heißen Zielgruppe beginnen, dann fangen wir mit relativ niedrigen CPA an und haben somit ein günstiges Verhältnis von EPA zu CPA, was unser Werbebudget nicht so stark belastet.

Außerdem lässt sich die heiße Zielgruppe recht unkompliziert skalieren, sodass wir mittelfristig erst einmal eine positive Entwicklung in der Kampagne sicherstellen – vorausgesetzt, dass die Kampagne die Grundregeln befolgt. So erfolgt bereits ein Gewinn durch die Kampagne, und vor diesem Hintergrund können dann die kalten Zielgruppen mit relativ hohen CPA angesprochen werden.

Beginnt man mit den sehr großen und deutlich kostenintensiveren kalten Zielgruppen, dann riskiert man, dass das Budget am Ende nicht mehr ausreicht, um die erfolgversprechende heiße Zielgruppe intensiv zu adressieren.

Es gibt aber noch einen weiteren Grund: Bestehende Kunden interagieren wahrscheinlicher mit den Inhalten, die wir ihnen anbieten. Eine hohe Zahl von Interaktionen wertet Facebook als Qualitätsmerkmal – ein wichtiger Faktor bei der Platzierung der Anzeigen. Wenn man sich dann zu den kälteren Zielgruppen vorarbeitet, hat man durch die höhere Qualitätsbewertung bereits eine verbesserte Ausgangssituation.

Ein günstiges Verhältnis wäre z. B., wenn man sein Tagesbudget zunächst zu 60 % für heiße, zu 30 % für warme und zu 10 % für kalte Zielgruppen einsetzt. Nach der Testphase kann man es dann so einsetzen, wie es den gewonnenen Daten zufolge die besten Ergebnisse bringt.

d) Anzeigen testen und verbessern

Es kann passieren, dass ein Werbetext oder Creatives einfach nicht zünden. Solche Anzeigen kann man dann schnell verwerfen. Es macht am Anfang Sinn, mit möglichst vielen Varianten zu starten und dann mit den Varianten, die die meisten Verkäufe generieren, weiterzuarbeiten und zu skalieren.

Dabei können manchmal schon kleinere Details im Anzeigenbild, wie Farben oder der Bildhintergrund, einen riesigen Unterschied machen – den man selbst in seiner Betriebsblindheit gar nicht wahrnimmt. Deshalb gehört es zu erfolgreichen Kampagnen, zu testen, zu canceln und zu verbessern. Wichtig ist dabei natürlich, dass alle Motive, die getestet werden, auch zur Landingpage und zum Angebot passen.

Außerdem sollte man für einen Test nie mehr als ein Detail verändern, denn schon wenn zwei Details auf einmal verändert werden, kann der Effekt nicht mehr genau einer Ursache zugeordnet werden. Anders gesagt: Dann wissen wir nicht genau, warum es so ist, wie es jetzt ist. Und das ist natürlich nicht der Sinn eines Tests.

e) Datenorientiert optimieren

Mit den ständig gewonnenen Daten, sowohl aus den Tests als auch aus der laufenden Kampagne, kann weiter optimiert werden. Das Ziel ist dabei nicht, den Traffic zu erhöhen, sondern das Verhältnis der CPA zum EPA zugunsten des EPA zu verbessern – und am Ende mehr Verkäufe oder Abschlüsse zu erzielen.

Wenn ein funktionierendes Tracking implementiert ist, dann erfahren wir ständig mehr über unsere Kunden. Wir erfahren mehr über unsere heiße Zielgruppe und erfahren, mit welchen Themen und Argumenten wir kalte Zielgruppen erwärmen können. Diese Erkenntnisse sollten natürlich in unsere Strategie einfließen. Das hat zwei Gründe:

- Streuverluste können vermindert werden, und so sinken die CPA.

- Erfolgversprechende Zielgruppen können skaliert werden, und so steigt der EPA.

Nur wenn wir ständig datenorientiert optimieren, nutzen wir das gesamte Potential des Funnel-Marketings. Denn nur dann nutzen wir alle Vorteile, die sich mit all den Mengen an gewonnenen Daten für uns bieten.

f) Gezielt skalieren

Wenn man im Online-Marketing skalieren möchte, dann sollte die Devise nicht lauten: mehr vom Selben – sondern: mehr vom Besten! Wenn man sein Werbebudget erhöhen will, dann sollte man sein Geld nicht an Zielgruppen verschwenden, die keinen oder wenig Umsatz machen. Stattdessen sollte man die Möglichkeiten nutzen, gezielt Nutzer anzusprechen, die wahrscheinlich langjährige treue Kunden werden.

Genau darum geht es, wenn man gezielt skaliert. Dabei kann man natürlich die Custom Audience, die man aus seiner Kundenliste erstellt hat, als Grundlage nehmen. Ich erinnere jedoch an die verschiedenen Kundentypen vom VIP-Kunden mit Status 1 bis zum nicht besonders umsatzrelevanten Kunden mit Status 4. Was wäre, wenn man sein Werbebudget ganz gezielt dafür investieren würde, mehr Status-1-Kunden zu gewinnen? Das können Sie ganz einfach herausfinden. Denn wenn Sie eine hinreichend große Anzahl von Kontakten mit Status-1-Kunden haben, dann können Sie diese Liste einfach als Custom Audience verwenden – und dann über Lookalike Audiences vergrößern.

Zum Skalieren einer funktionierenden Kampagne erhöhen Sie idealerweise das Kampagnenbudget um 25 bis 100 % pro Tag. Wenn Sie negative Effekte bemerken, dann senken Sie das Budget wieder langsam, bis Sie den sogenannten Sweet Spot gefunden haben: das optimale Verhältnis von Kampagnenbudget und erzielten Resultaten.

Außerdem können Sie horizontal skalieren. Das bedeutet, dass Sie die Zielgruppe vergrößern können. Sie können z. B. weitere interessante Zielgruppen identifizieren und Ihrer Kampagne hinzufügen. Und natürlich können Sie Ihre Aktivitäten auch in andere Werbeformen ausweiten, z. B. in AdWords.

Schritt für Schritt zu mehr Kunden

In diesem Teil ist die Theorie abgeschlossen, und ich zeige Ihnen mit vielen Screenshots genau, was bei der Einrichtung Ihrer ersten Kampagne zu beachten ist. Eigentlich kann dieser Teil auch komplett ohne die vorherige Theorie genutzt werden – für erfolgreiche Kampagnen ist aber natürlich mehr als nur die korrekte Einrichtung wichtig. Deshalb habe ich auch den theoretischen Teil vorangestellt, und ich kann mir sehr gut vorstellen, dass Sie sich bei vielen der bisher genannten Möglichkeiten bereits fragen, wie das denn in der Praxis umgesetzt werden kann. Das werden Sie jetzt erfahren.

Praxisteil: Facebook

Sie sollten nun Ihren Laptop oder Ihren Computer bereithalten, denn ich führe Sie jetzt Schritt für Schritt durch die Einrichtung Ihrer Facebook-Fanpage und Ihres Werbekontos – bis hin zur ersten Kampagne mit den ersten Anzeigen. Für alle diese Schritte sollten Sie sich vorher auf Facebook anmelden, um den vollen Funktionsumfang Ihres Werbekontos nutzen zu können.

Schritt 1	Neue Fanpage erstellen	**Schritt 6**	Beispiele für Targetierungen
Schritt 2	Neues Werbekonto anlegen	**Schritt 7**	Werbeanzeigen analysieren
Schritt 3	Neue Werbekampagne erstellen	**Case Study 1**	Rechtsberatung
Schritt 4	Neue Werbeanzeige erstellen	**Case Study 2**	Abnehmen
Schritt 5	Audiences erstellen		

Sie können natürlich jederzeit zu dem entsprechenden Schritt springen, der Sie interessiert. Denn nicht jeder möchte oder muss alle Schritte noch einmal einzeln nachvollziehen. Vielleicht haben Sie ja z. B. bereits eine Fanpage erstellt oder ein neues Werbekonto angelegt, dann sind diese Schritte für Sie nicht mehr relevant.

An dieser Stelle möchte ich auch noch darauf hinweisen, dass sich aufgrund der häufigen Updates im Facebook-Interface die Screenshots zum jetzigen Zeitpunkt ggf. schon verändert haben können. Es bietet sich daher an, dass Sie sich auf der Website www.fastlane-marketing.de in den Newsletter eintragen, damit Sie immer auf dem neuesten Stand bleiben und über alle aktuellen Veränderungen sofort in Kenntnis gesetzt werden.

Schritt 1: Neue Fanpage erstellen

Zunächst öffnen Sie den Business-Manager und wählen links den Menüpunkt „Seiten". Dort können Sie neue Seiten, also Fanpages, hinzufügen:

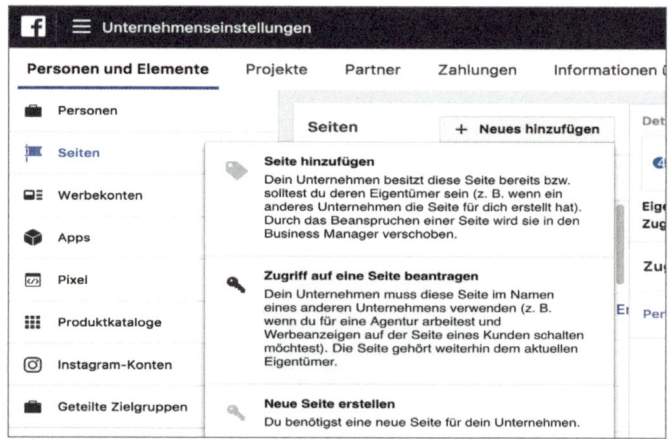

Anschließend können Sie der Fanpage Personen hinzufügen. Diese Personen können mit unterschiedlichen Berechtigungen ausgestattet werden:

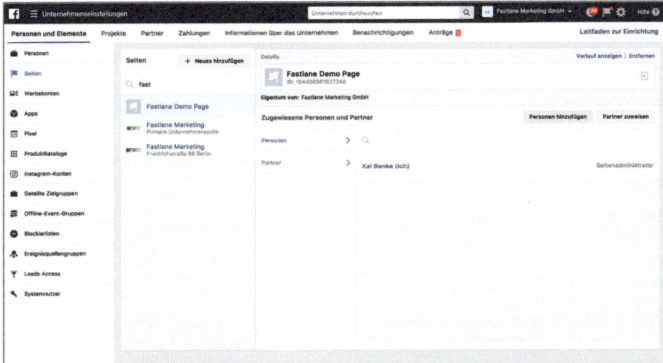

Wichtig sind außerdem die Seiteneinstellungen der Fanpage. Dort haben Sie Zugriff auf alle Einstellmöglichkeiten und können z. B. einstellen, für welche Länder und Altersgruppen die Seite sichtbar ist und welche Berechtigungen verschiedene Nutzergruppen auf Ihrer Fanpage haben. So können Sie bspw. festlegen, welche Möglichkeiten Nutzer haben, zu kommentieren, zu markieren oder Sie zu kontaktieren:

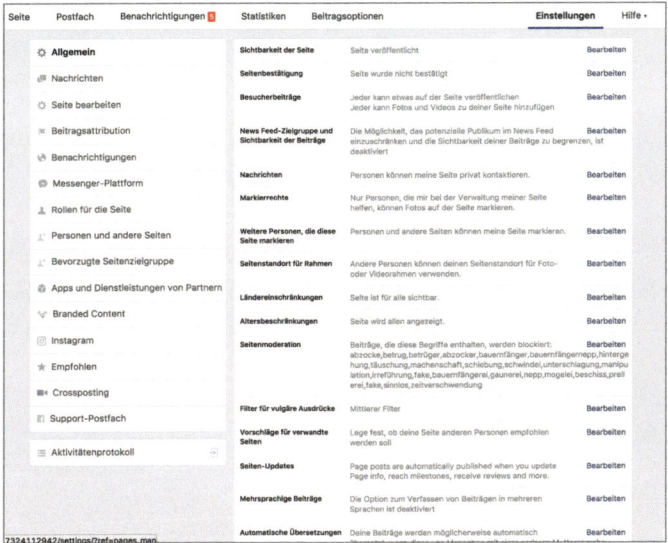

Wenn Sie diese Schritte abgeschlossen haben, ist die Fanpage fertig eingerichtet. Sie können sie nun noch mit Profil- und Cover-Bildern gestalten und Informationen und Beiträge hinzufügen.

Schritt 2: Neues Werbekonto einrichten

Um ein Werbekonto zu erstellen und einzurichten, begeben Sie sich zunächst wieder in den Business-Manager. Dort wählen Sie im Menü links den Menüpunkt „Werbekonten" aus:

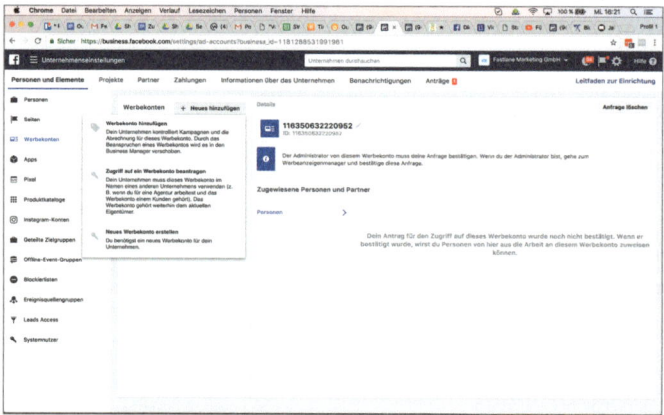

Anschließend hinterlegen Sie Ihre Zahlungsdaten, anhand derer die Werbekosten bezahlt werden:

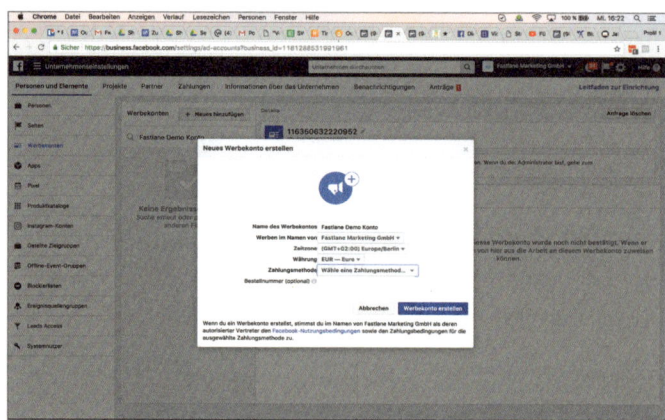

Diese können auch später noch in den Einstellungen geändert werden:

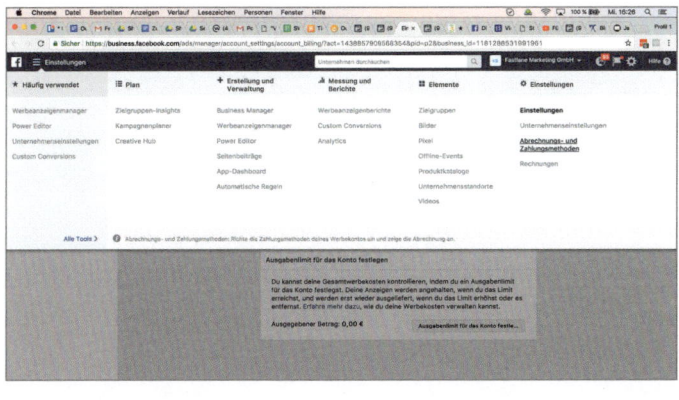

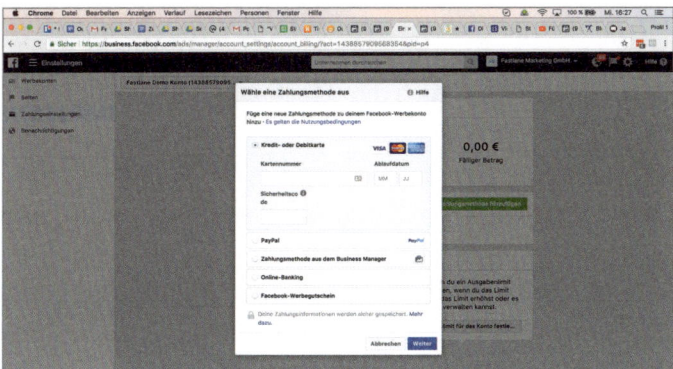

Außerdem müssen Sie Ihre Unternehmenseinstellungen hinterlegen und angeben, ob die Werbeanzeige für gewerbliche Zwecke dient oder nicht:

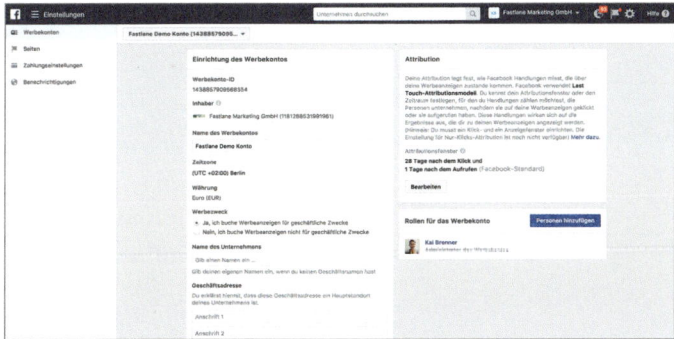

Auch die Unternehmenseinstellungen lassen sich nachträglich ändern. Wählen Sie einfach den Menüpunkt „Unternehmensteinstellungen" unter den Einstellungen:

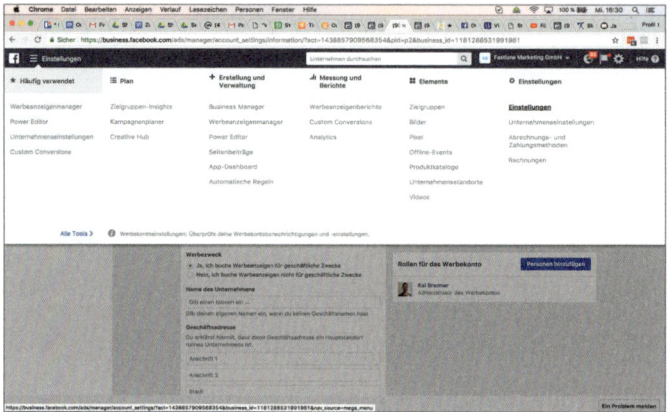

Auf der Kontoebene erstellen Sie auch den Facebook-Pixel. Das ist ein Code-Schnipsel,
den Sie in Ihre Website einbauen. So können Sie die Nutzeraktivitäten verfolgen und
diese Informationen für die Targetierung nutzen. Nachdem Sie den Code-Schnipsel
erstellt haben, kopieren Sie ihn einfach und fügen Ihn an einer geeigneten Stelle in den
Code Ihrer Website ein. Falls Sie sich mit HTML nicht auskennen, lassen Sie sich im
Zweifelsfall vom Administrator Ihrer Website helfen. Bei WordPress und anderen Syste-
men ist aber häufig eine Möglichkeit gegeben, den Schnipsel auch ohne HTML-Kennt-
nisse in ein entsprechendes Feld einzufügen.

So generieren Sie Ihren Facebook-Pixel:

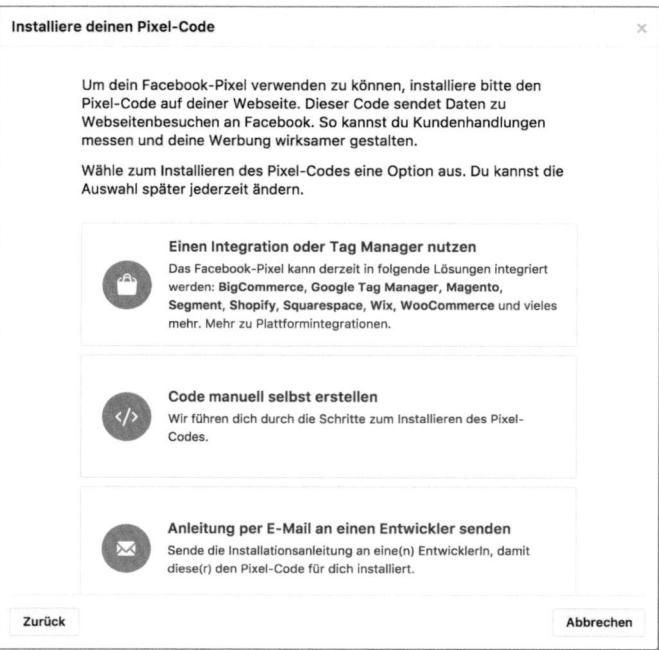

Installiere deinen Pixel-Code ✕

Um dein Facebook-Pixel verwenden zu können, installiere bitte den Pixel-Code auf deiner Webseite. Dieser Code sendet Daten zu Webseitenbesuchen an Facebook. So kannst du Kundenhandlungen messen und deine Werbung wirksamer gestalten.

Wähle zum Installieren des Pixel-Codes eine Option aus. Du kannst die Auswahl später jederzeit ändern.

Einen Integration oder Tag Manager nutzen
Das Facebook-Pixel kann derzeit in folgende Lösungen integriert werden: **BigCommerce**, **Google Tag Manager**, **Magento**, **Segment**, **Shopify**, **Squarespace**, **Wix**, **WooCommerce** und vieles mehr. Mehr zu Plattformintegrationen.

Code manuell selbst erstellen
Wir führen dich durch die Schritte zum Installieren des Pixel-Codes.

Anleitung per E-Mail an einen Entwickler senden
Sende die Installationsanleitung an eine(n) EntwicklerIn, damit diese(r) den Pixel-Code für dich installiert.

Zurück   **Abbrechen**

---

2 **Kopiere den gesamten Pixel-Code und füge ihn im Webseiten-Header ein**

Füge den Pixel-Code unten im Header-Bereich direkt über dem **</head>**-Tag ein. Der Facebook-Pixel-Code kann im Header deiner Webseite über oder unter vorhandenen Tracking-Tags (z. B. Google Analytics) hinzugefügt werden.

⬤ **Erweiterten Abgleich verwenden** ⓘ

```
<!-- Facebook Pixel Code -->
<script>
  !function(f,b,e,v,n,t,s)
  {if(f.fbq)return;n=f.fbq=function(){n.callMethod?
  n.callMethod.apply(n,arguments):n.queue.push(arguments)};
  if(!f._fbq)f._fbq=n;n.push=n;n.loaded=!0;n.version='2.0';
  n.queue=[];t=b.createElement(e);t.async=!0;
  t.src=v;s=b.getElementsByTagName(e)[0];
  s.parentNode.insertBefore(t,s)}(window, document,'script',
  'https://connect.facebook.net/en_US/fbevents.js');
  fbq('init', '123482225004000');
  fbq('track', 'PageView');
</script>
<noscript><img height="1" width="1" style="display:none"
  src="https://www.facebook.com/tr?
id=123482225004000&ev=PageView&noscript=1"
/></noscript>
<!-- End Facebook Pixel Code -->
```

Außerdem ist es wichtig für das Tracking, dass Sie Ereignisse definieren. Diese Ereignisse trackt der Facebook-Pixel dann auf Ihrer Website. Solche Ereignisse könnten z. B. Käufe oder Suchen sein:

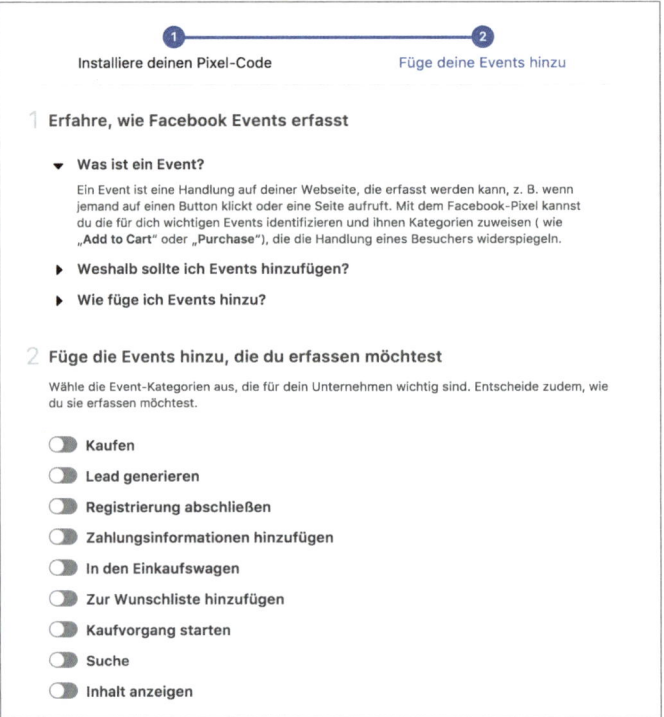

Wenn Sie Digistore oder andere Zahlungssysteme verwenden, bei denen der Kauf außerhalb Ihrer Website stattfindet, dann sollten Sie auch in diesem System einen Tracking-Code hinterlegen. Gehen Sie einfach in die Einstellungen und wählen Sie „Bestellformular-Tracking" aus:

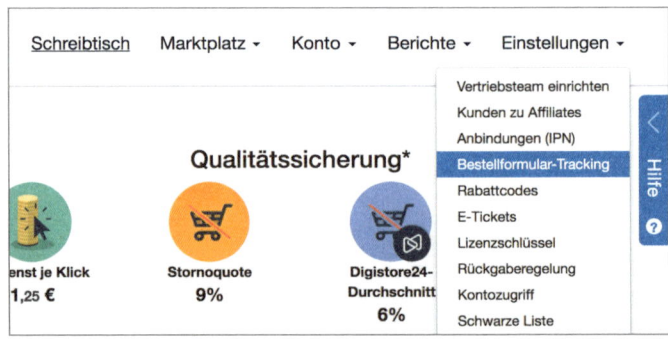

Verkäufsarten*	☐ Alle
	☑ Erstbestellungen
	☐ Upsells
	☐ Upgrades, Downgrades und Mitgliederangebote

Einbinden auf ❓	Bestellformular ⬍

Trackingtyp	Tracking-Code (z.B. Retargeting-Pixel, Splittestclub) ⬍

Tracking-Code*	

Fügen Sie hier den Tracking-Code ein. Falls Sie mehrere Tracking-Codes haben, fügen Sie sie einfach untereinander ein.

Schritt 3: Neue Werbekampagne erstellen

Auf der Kampagnenebene können Sie neue Kampagnen erstellen oder laufende Kampagnen editieren. Sie können Regeln für einzelne oder alle Kampagnen erstellen und die Zielgruppen und Standorte für die Anzeigenausspielung definieren. Auch das Budget und die Gebotsstrategie, die Ziele und die Kampagnenplatzierung werden auf dieser Ebene festgelegt. Auf das Targeting gehen wir in einem weiteren Schritt noch einmal genauer ein – hier erst einmal die Basics.

Sie können Zielgruppen für die Kampagne neu erstellen oder aus gespeicherten Zielgruppen auswählen:

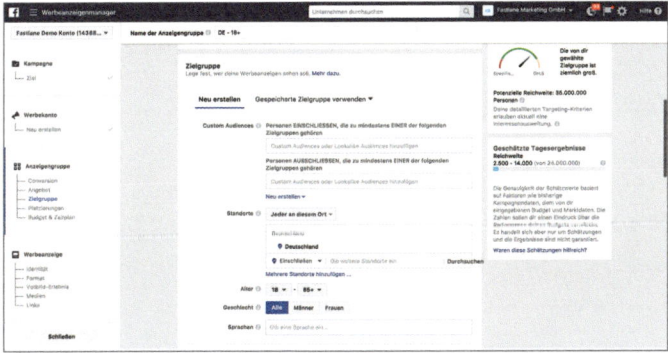

Dabei können Zielgruppen nach Standort bzw. nach Geographie und nach Interessen definiert werden. Targeting über den Standort bezeichnet man als Geo-Targeting:

Es können auch bestimmte Standorte oder Regionen ausgeschlossen werden. Diese Kampagne wird in Deutschland außer in Berlin ausgespielt:

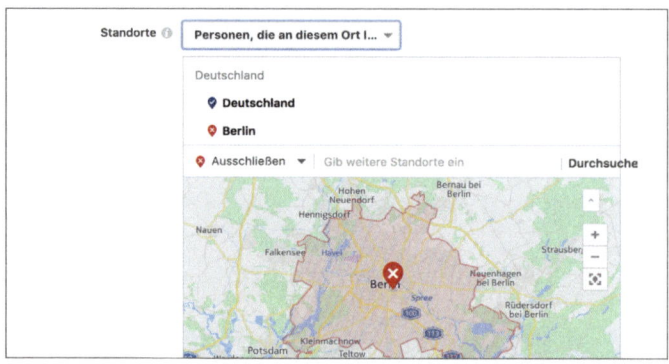

Wenn Sie nach Interessen targetieren, dann steht Ihnen eine große Auswahl von Möglichkeiten zur Auswahl. Diese können miteinander kombiniert werden – wobei Sie aber vorsichtig sein sollten, da Sie dadurch möglicherweise die Zielgruppe unnötig verkleinern:

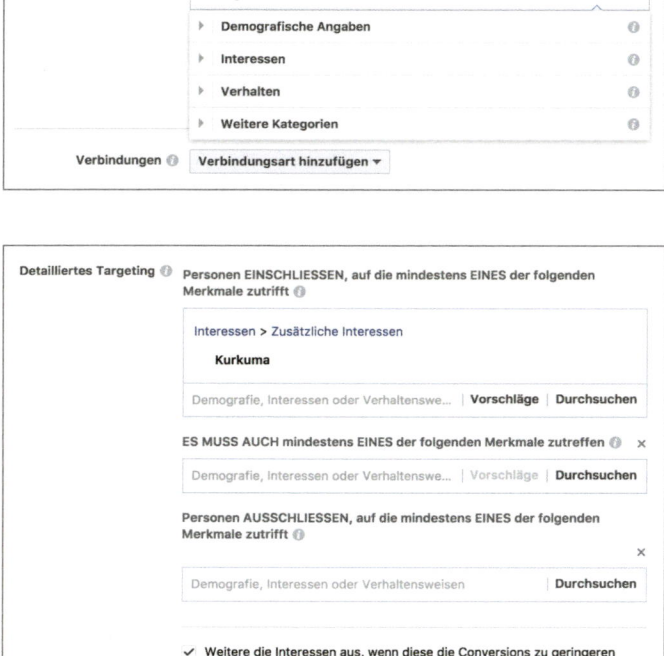

Indem man die Marketing-Ziele festlegt, hilft man dem Facebook-Algorithmus zu verstehen, auf welche Werte und Ereignisse er optimieren muss. Dabei stehen verschiedene Möglichkeiten zur Verfügung:

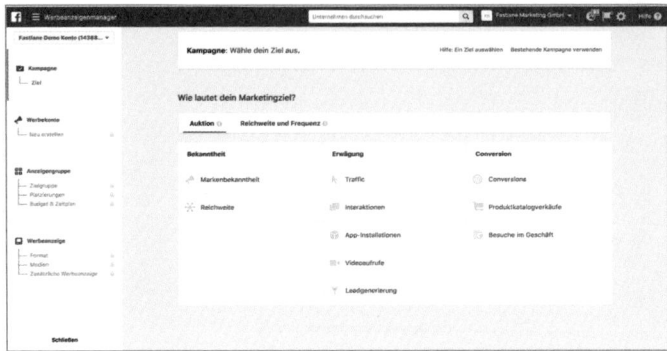

Außerdem können Sie technische Einstellungen zu den Ausspielungspräferenzen vornehmen. Die Ausspielung auf Nutzer mit aktivem WLAN zu beschränken (bei mobilen Nutzern), macht z. B. Sinn, wenn man den Download einer App bewirbt – viele Nutzer downloaden nur Apps, wenn Sie ein WLAN-Netzwerk nutzen, um Datenvolumen zu sparen. Auch bei Landingpages mit langen Videos kann es sinnvoll sein, die Ausspielung auf Nutzer mit aktivem WLAN zu beschränken. Viele Nutzer haben das automatische Abspielen von Videos deaktiviert, wenn Sie mobile Netze verwenden. Deshalb hat man häufig, wenn man diese Option wählt, auch mehr Views auf Videoanzeigen.

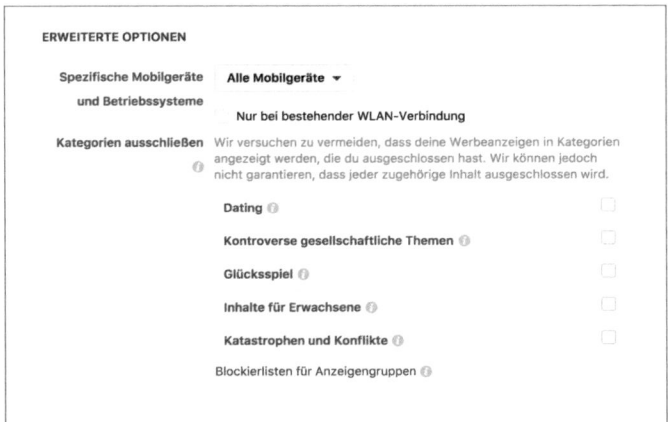

Wichtig für Ihre Kampagne ist auch die Definition von Regeln. Diese können sowohl für die Analyse als auch für die Ausspielung von Kampagnen definiert werden. Mit Regeln können Sie z. B. Beispiel Kampagnen automatisch deaktivieren lassen, wenn die Kosten einen bestimmten Wert übersteigen. Außerdem werden Sie über die Anwendung der Regeln, wenn gewünscht, per E-Mail informiert:

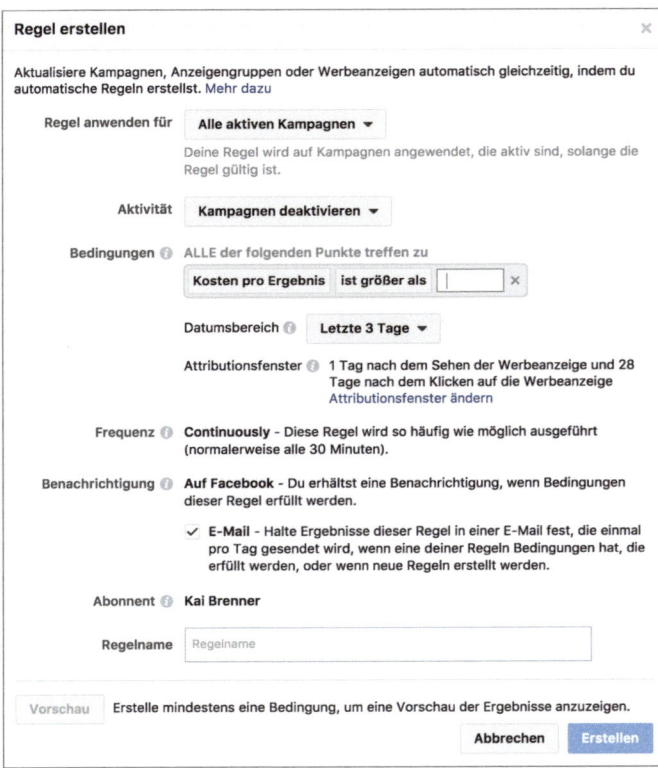

Je nach Branche kann es auch sinnvoll sein, das Conversion-Fenster zu definieren. Damit legen Sie fest, wie viele Tage nach dem Klicken einer Werbeanzeige oder dem Betrachten einer Werbeanzeige ein als Conversion definiertes Ereignis (z. B. ein Kauf oder eine Anfrage) noch als Conversion gezählt wird:

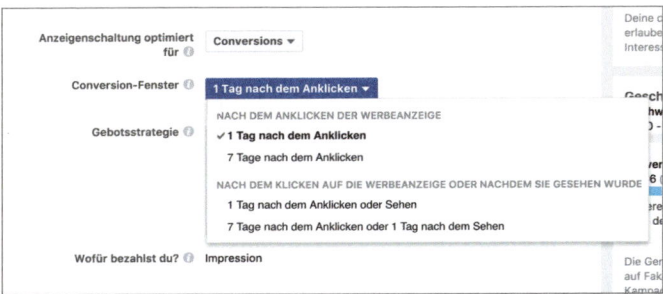

Die Ausspielung in den einzelnen Netzwerken, die zu Facebook gehören, wird ebenfalls auf der Kampagnenebene ausgewählt. Zu den Netzwerken zählen z. B. Facebook, Instagram und der Facebook-Messenger. Zudem erhalten Sie auf der Kampagnenebene einen Überblick über die Performance der einzelnen Kanäle:

Sie können die Platzierungen auch manuell steuern:

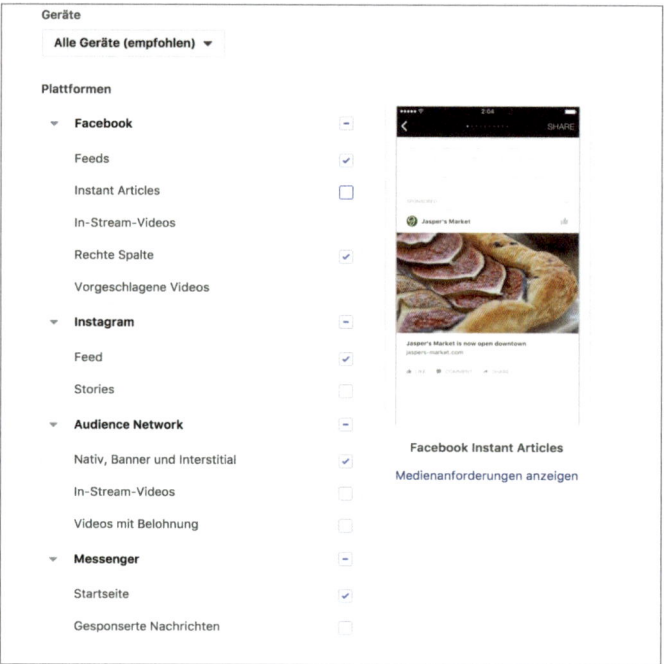

Zum Schluss müssen Sie noch das Budget und den Zeitplan sowie die Gebotsstrategie festlegen:

Bei der Gebotsstrategie können Sie auswählen, ob auf niedrige Kosten mit einem Maximalgebot oder auf stabile Durchschnittskosten pro Conversion optimiert wird:

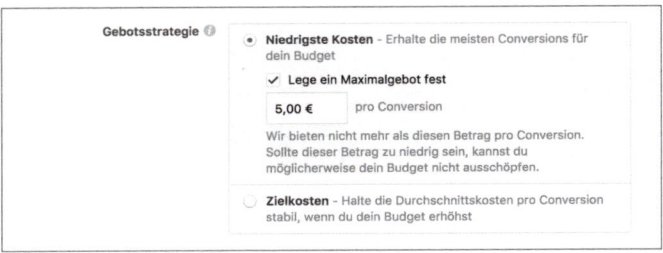

Schritt 4: Neue Werbeanzeige erstellen

Jetzt ist alles vorbereitet, damit Sie die ersten Werbeanzeigen erstellen können! Dabei müssen Sie sich zunächst einmal – je nach gewünschtem Zweck – für ein Format entscheiden. Ihnen stehen verschiedene Formate zur Verfügung:

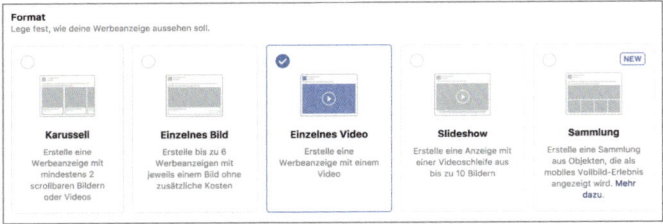

Wir beginnen mit dem Karussell: Dabei handelt es sich um ein Format, bei dem Sie mehrere Motive und Anzeigentexte in einer einzigen Anzeige unterbringen können. Die Nutzer können dann durch die Anzeigen blättern und die für sie interessanteste Anzeige anklicken. Das ist z. B. interessant, um mehrere Produkte aus einer Kollektion zu präsentieren. Erstellen Sie einfach Karten mit dem jeweiligen Bild und der entsprechenden Überschrift, Beschreibung und Ziel-URL:

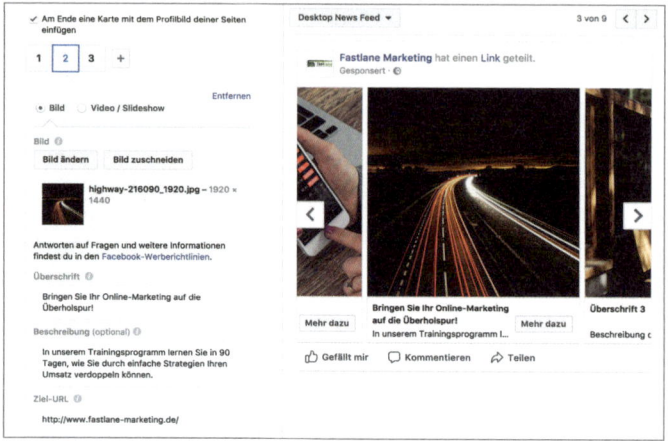

Wenn Sie für Ihren Beitrag nur ein einzelnes Bild posten möchten, dann wählen Sie die folgende Option. Die Möglichkeiten sind dabei wie bei einer einzelnen Karte des Karussells:

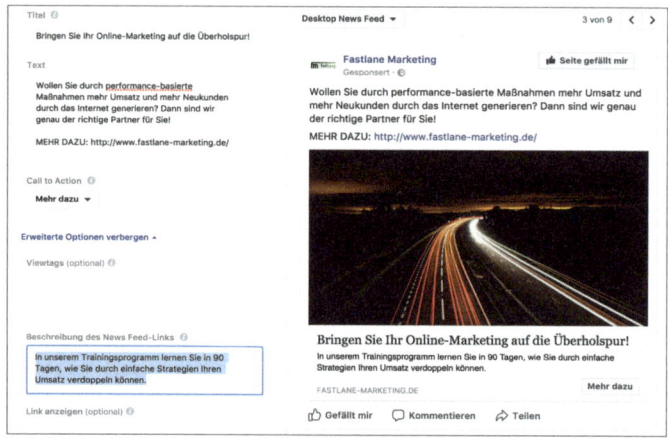

Natürlich können Sie anstelle eines Bildes auch ein Video posten. Dazu wählen Sie einfach die Option „Einzelnes Video":

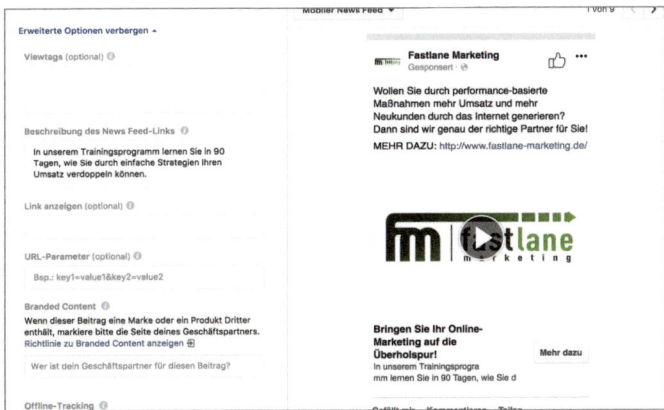

Eine interessante Idee für Kollektionen, aber auch für mehr Stimmung in Anzeigen mit Bildern, ist die Möglichkeit einer Slideshow. Wenn Sie diese Option wählen, dann erstellen Sie aus bis zu zehn Bildern eine Slideshow, bei der die Bilder mit Hintergrundmusik, individueller Einblendungsdauer und Übergängen versehen werden können:

Das Format „Collection Ad" oder: „Sammlung" wurde speziell für den mobilen Markt geschaffen: Es bietet Nutzern die Möglichkeit, per Vollbildmodus in die Anzeige „einzutauchen" und darin zu navigieren, um z. B. mehr Informationen zu abgebildeten Produkten zu erhalten:

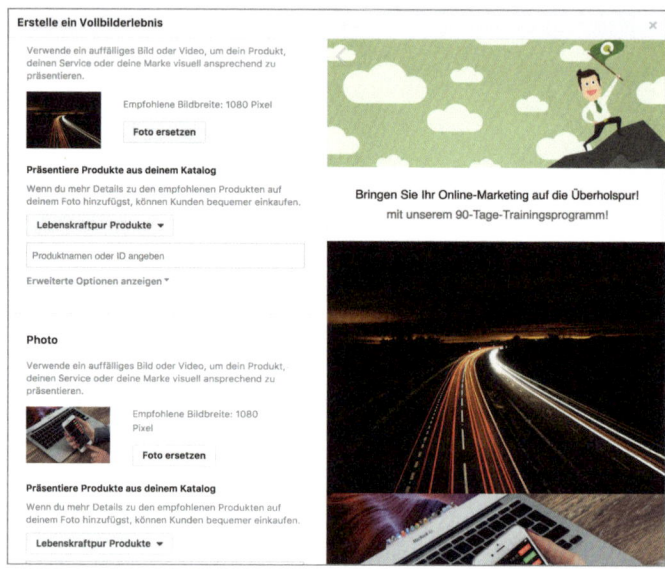

Auch das Werbeformat Canvas wurde für die Vollbilddarstellung auf mobilen Geräten entwickelt und ermöglicht z. B. die großformatige Darstellung von Vollbildvideos oder eines Karussells:

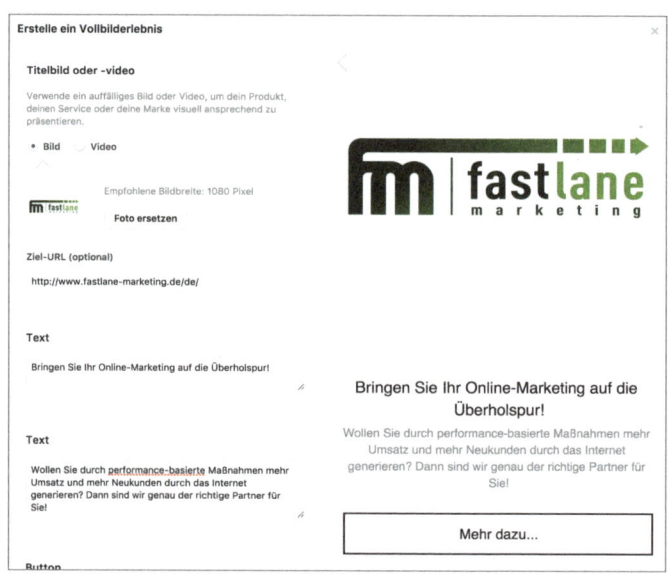

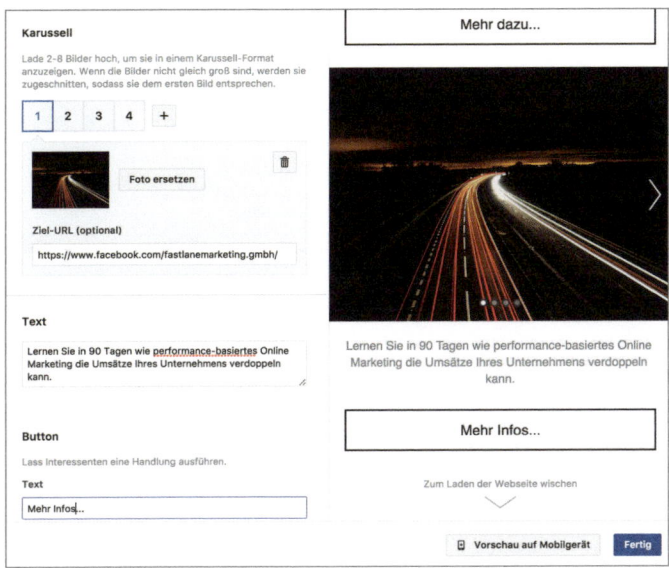

Nun haben Sie einen ersten Überblick über die Wege und Möglichkeiten, mit Facebook eine Werbekampagne und Werbeanzeigen zu erstellen, bekommen. Es lohnt sich aber, auf zwei Punkte noch einmal genauer einzugehen: Die Audiences und die Targetierung. In diesen beiden Elementen liegt nicht nur ein großer Teil Ihres Erfolges begründet – vor allem können Sie sich mit sorgfältig erstellten Audiences und einer sauberen, datenbasiert optimierten Targetierung einen entscheidenden Wettbewerbsvorteil verschaffen.

Schritt 5: Audiences erstellen

In diesem Schritt möchte ich Ihnen zeigen, wie Sie mit Facebook mit wenigen Klicks verschiedene Arten von Audiences erstellen. Zunächst sollten Sie lernen, wie Sie eine Custom Audience anlegen. Das können Sie z. B. aus Kundendaten, aus den Daten über Interaktionen mit verschiedenen Elementen oder aus den Besuchern Ihrer Website. Anschließend zeige ich Ihnen, wie Sie Lookalike Audiences erstellen, was in der Regel auf Basis Ihrer Custom Audiences erfolgt.

Dazu wechseln Sie zunächst in die Objektbibliothek Ihres Facebook-Business-Managers.

Dort finden Sie den Menüpunkt „Zielgruppen", unter dem all Ihre Zielgruppen und Optionen verzeichnet sind:

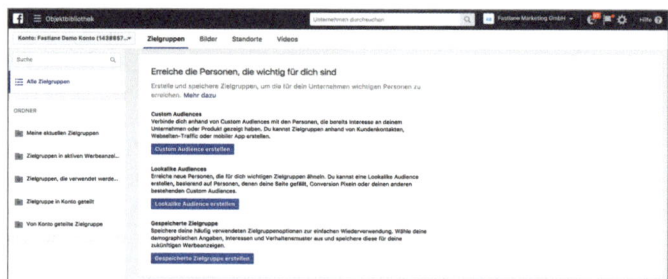

Beginnen wir mit den Custom Audiences:

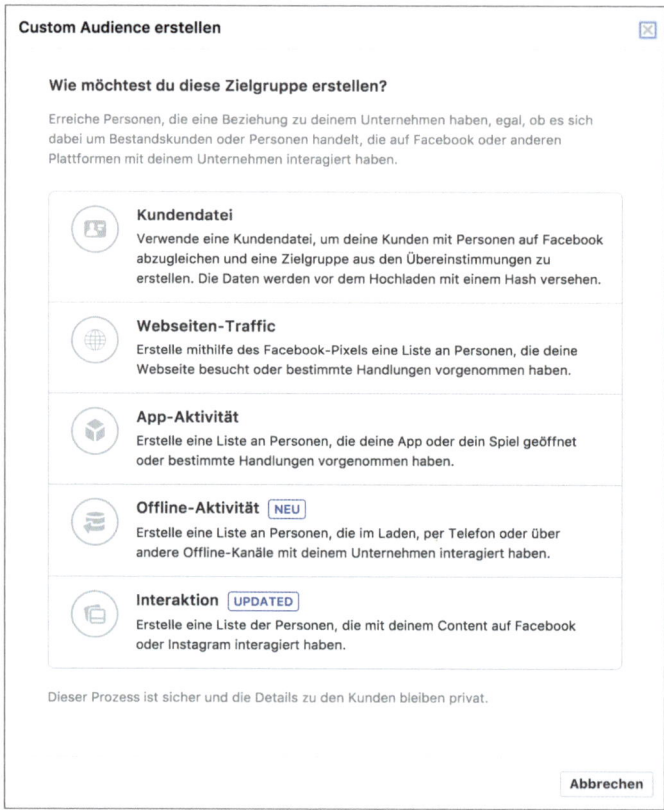

Für den Anfang kann es sinnvoll sein, eine Custom Audience aus Kundendaten zu erstellen. Eine solche Custom Audience liefert hervorragende Ausgangsdaten für die spätere Erstellung einer Lookalike Audience. Alternativ können auch Kontakte aus einer Mailchimp-Liste importiert werden:

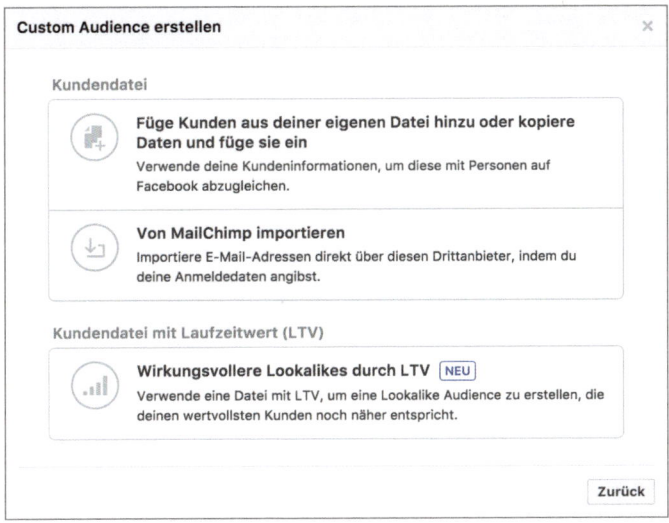

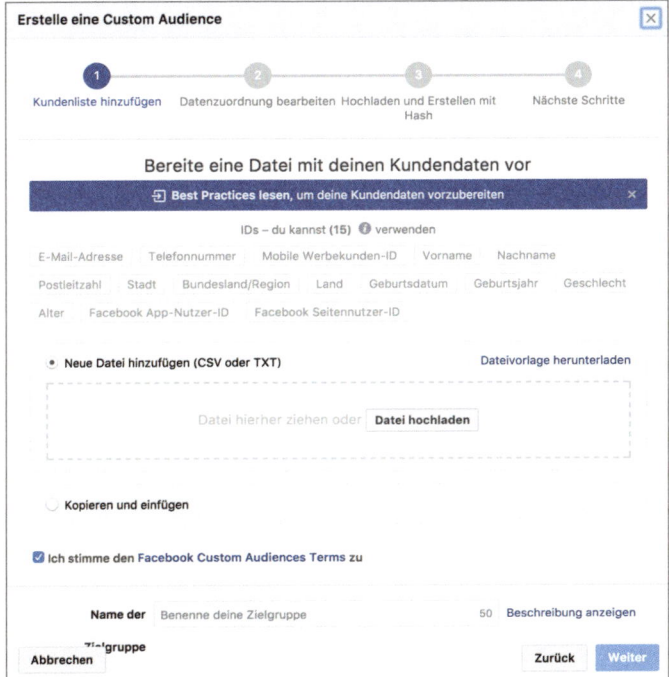

Außerdem lässt sich eine Custom Audience aus Website-Besuchern erstellen – eine weitere Möglichkeit, um schnell eine relativ heiße Zielgruppe zu erhalten. Zudem kann nach bestimmten Handlungen auf der Website gefiltert werden:

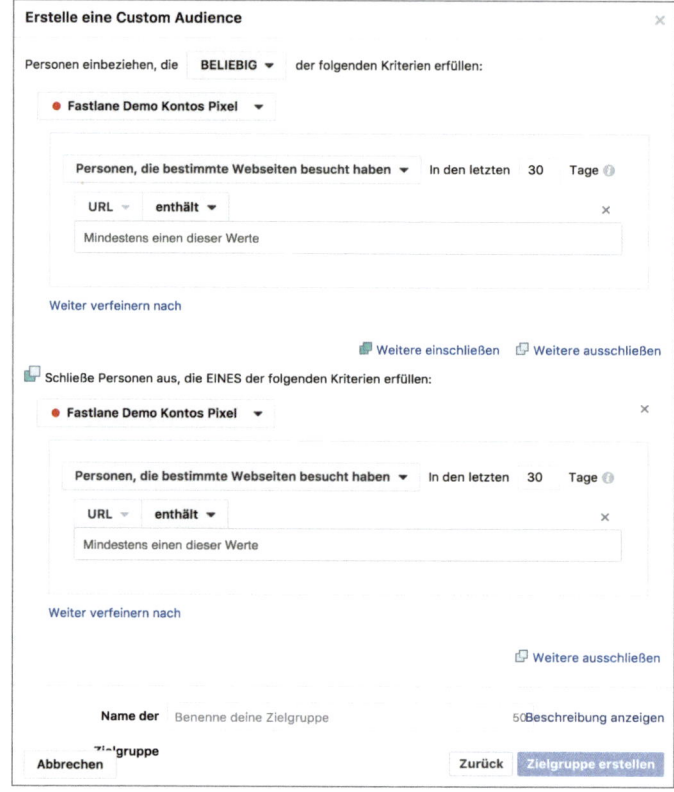

Genauso ist es möglich, Custom Audiences mit Personen zu erstellen, die in einer bestimmten, vorher definierten Weise mit Ihrer Facebook-Fanpage oder Ihren Beiträgen interagiert haben. Dafür stehen Ihnen folgende Optionen zur Verfügung:

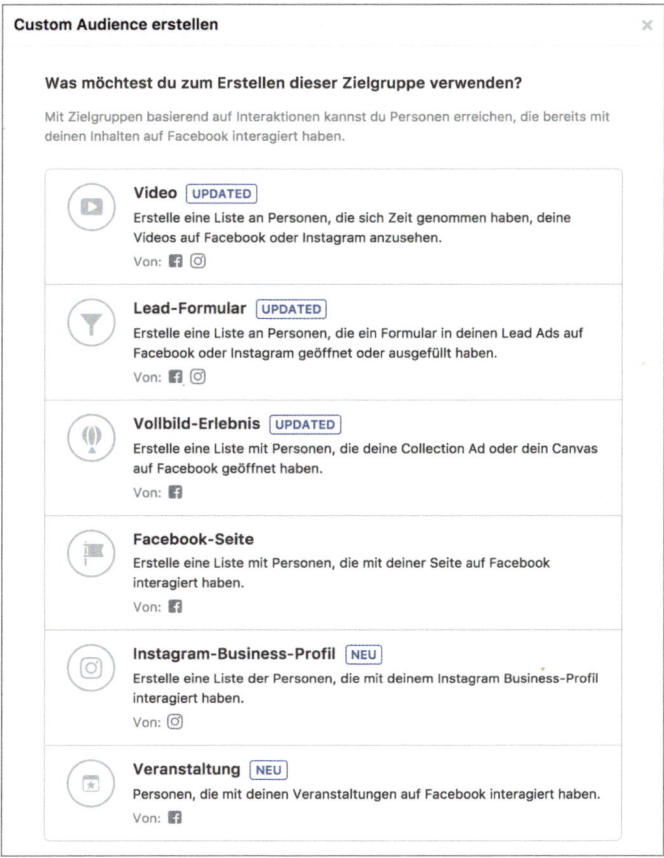

Dabei sind recht allgemeine Einstellungen möglich:

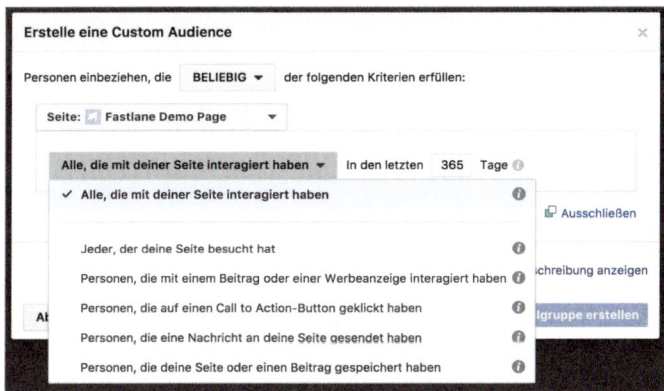

Weiterhin können spezifische Custom Audiences mit Nutzern erstellt werden, die mit einer Canvas Ad interagiert haben – so können z.B. die Interessen der Nutzer weiter differenziert werden:

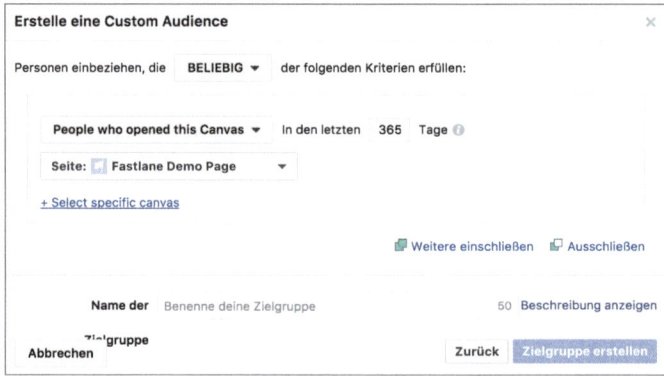

Anhand von Custom Audiences aus Personen, die mit Videos interagiert haben, können weitere Details eingestellt werden: So kann z.B. danach differenziert werden, wie viel von einem Video der Nutzer angesehen haben muss, um sich für diese Zielgruppe zu qualifizieren:

Nun kommen wir zu dem wirklich interessanten Teil: Zu den Lookalike Audiences. Dabei haben Sie verschiedene Möglichkeiten: Sie können nicht nur bestimmen, aus welchen Daten eine Lookalike Audience erstellt wird, sondern auch, wie groß die Zielgruppe ausfällt und damit wie groß die Ähnlichkeit mit den Daten der zugrunde liegenden Custom Audience ist. Doch kommen wir zunächst zu dem praktischen Schritt, mit dem die Lookalike Audience erstellt wird:

Dabei können Sie einstellen, für welche Länder Ihre Lookalike Audience gelten soll. Die Größe der Audience ist dabei immer relativ zur Gesamtbevölkerung des jeweiligen Landes: Die einstellbare Skala reicht von 1 % bis 10 % der Bevölkerungszahl. Nimmt man also 1 % als Größe, dann hat man eine der Custom Audience sehr ähnliche Lookalike Audience. Bei 10 % hat man zwar eine sehr große Zielgruppe – dafür stimmt diese nur noch sehr weitläufig mit der ursprünglichen Zielgruppe überein. Das ist für strategische Überlegungen sehr wichtig, da für einige Zwecke eine kleinere und für andere Zwecke eine größere Lookalike Audience sinnvoll sein kann. Oft kann man eine schlechte Conversion Rate auch verbessern, indem man die Zielgruppengröße z. B. von 3 % auf 2 % senkt.

Für die Einstellung der Zielgruppengröße stehen einfache und erweiterte Optionen zur Verfügung:

Grundsätzlich sollten Sie bei der Erstellung und Nutzung von Zielgruppen immer an die goldene Regel denken: von heiß zu kalt. Das können Sie z. B. realisieren, indem Sie mit kleinen, sehr heißen Zielgruppen beginnen und dann die Größe der Lookalike Audience langsam steigern, bis Sie keinen zusätzlichen Gewinn aufgrund einer weiteren Vergrößerung mehr feststellen können.

Schritt 6: Beispiele für Targetierungen

Abgesehen von den Custom Audiences, die Sie aus Kundendaten und Interaktionen gewinnen, können Sie auch nach demographischen Faktoren oder Interessen targetieren. Das ist ein hervorragendes Mittel, um an kühlere bis kalte Zielgruppen heranzutreten oder die Temperatur bestimmter Zielgruppen zu testen. Die Daten über die Interessen gewinnt Facebook aus Interaktionen der jeweiligen Nutzer im Facebook-Netzwerk und aus eigenen Angaben der Nutzer über ihre Interessen.

Ich gebe Ihnen hier als Anregung einige Beispiele für Targetierungen für verschiedene Branchen, um Ihnen die verschiedenen Möglichkeiten aufzuzeigen.

Beispiel Abnehmprodukt: Hier wurden nur Einschlusskriterien definiert, um eine möglichst breite Zielgruppe zu erstellen, die sich für eines der genannten Themen interessiert:

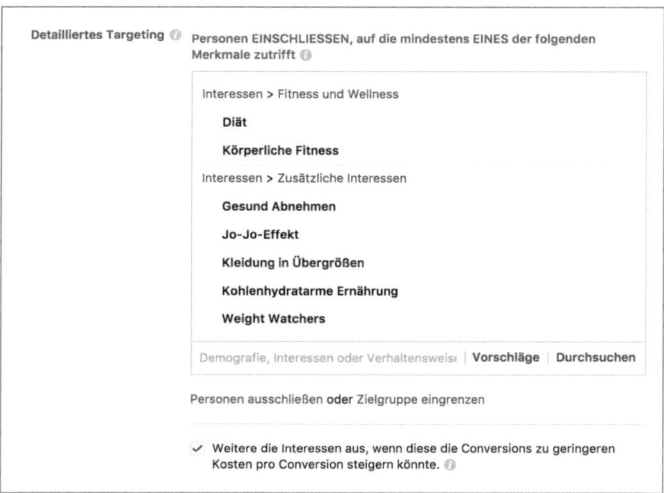

Beispiel Dating-Produkt: Auch hier wurde eine möglichst breite Zielgruppe definiert, und auch die Faktoren wurden entsprechend breit gewählt – von „Beziehungsstatus Single" bis „Interesse an Tinder":

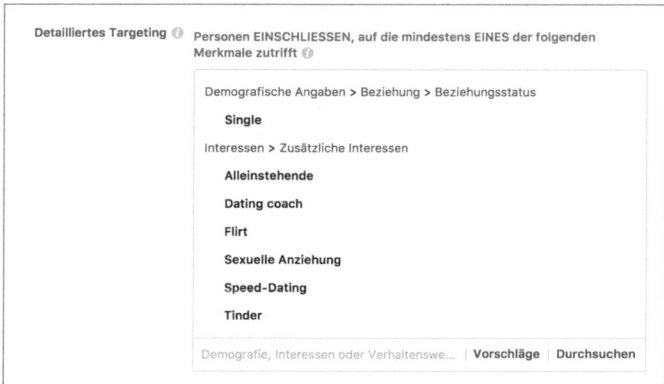

Beispiel Fashion: Hier wurden ebenfalls sehr breite Kriterien gewählt. Wichtig ist an dieser Stelle, dass auch Brands als Interessen gewählt werden können:

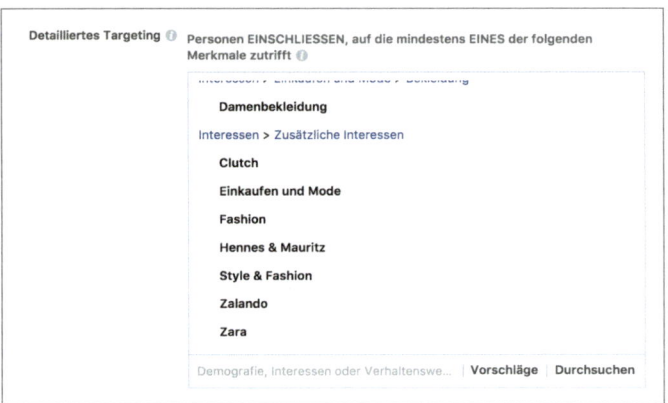

Beispiel Gärtnerei in Berlin: Hier wurde lokal und mit einem Mindestalter von 25 Jahren targetiert, da vor allem Hausbesitzer die Zielgruppe für diese Dienstleistung sind. Außerdem wurden die Interessen Baumpflege und Gärtner genutzt. So werden Personen eingeschlossen, die z. B. bereits nach diesen Themen gesucht oder mit den Facebook-Angeboten von Baumpflegern und Gärtnern interagiert haben:

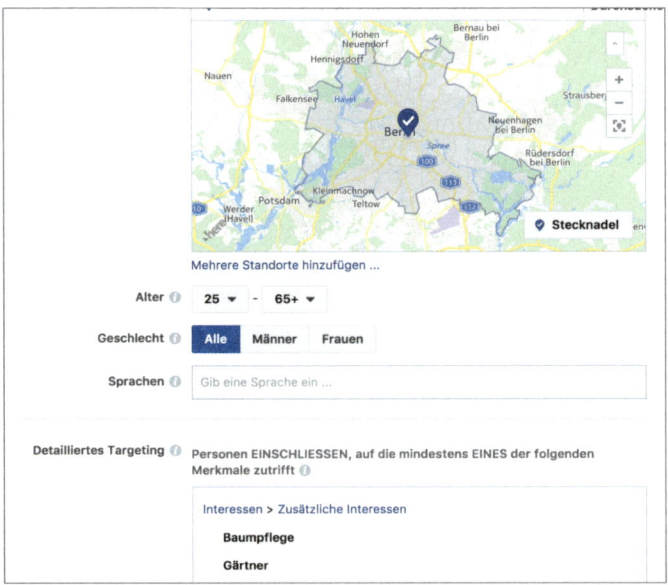

Beispiel Geld verdienen im Internet: Hier wurde relativ breit targetiert. Es zeigt sich auch eine interessante Alternative, denn anders als bei dem Fashion-Beispiel wurden nicht Brands aus der eigenen Branche, sondern periphere Brands genannt. MailChimp als typisches Arbeitsmittel für Online-Marketer und Lamborghini als Luxusmarke: Wer sich für Lamborghinis interessiert, der interessiert sich vermutlich auch für Geld. Außerdem werden gezielt Entrepreneure angesprochen:

Beispiel Gesundheit: Neben der Targetierung auf das Interesse „Gesundheit" wurden auch Interessen wie „Naturheilkunde", „Yoga" und „Fitnessstudio" verwendet, die nahelegen, dass diesen Personen ihre Gesundheit wichtig ist und sie für Gesundheitsthemen offen sind:

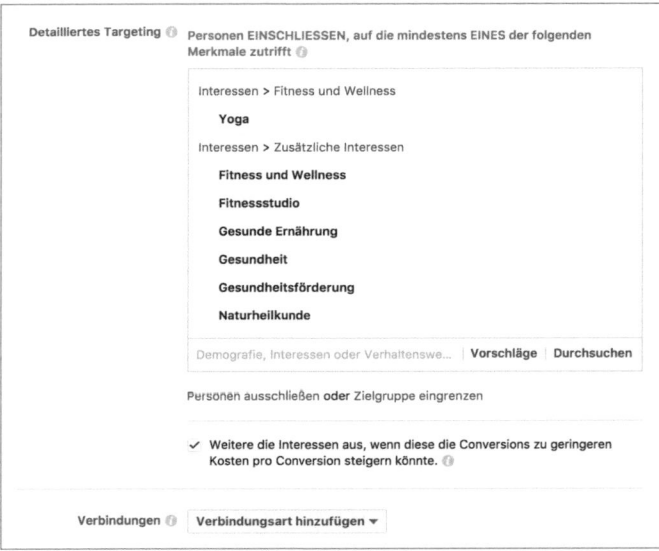

Beispiel Persönlichkeitsentwicklung: Hier wurden einige allgemeine Interessen für die Targetierung verwendet. Timothy Ferriss ist hingegen wieder ein sehr spezifisches Interesse – der US-amerikanische Autor hat das Buch „Die 4-Stunden-Woche" und andere Selbsthilfebücher geschrieben:

Beispiel Supplements: Hier wurde nach Interessen an bestimmten Inhaltsstoffen von Nahrungsergänzungsmitteln targetiert. Dabei ist es nicht wichtig, ob das beworbene Mittel tatsächlich z.B. Krillöl enthält, um nach dem Interesse „Krillöl" zu targetieren. Man kann ja normalerweise davon ausgehen, dass sich Personen, die sich für einen spezifischen Inhaltsstoff interessieren, auch allgemein für das Thema und grundsätzlich auch für andere Supplements interessieren:

Schritt 7: Werbeanzeige analysieren

Wenn Sie nun Ihr Werbekonto und Ihre erste Kampagne mit den ersten Anzeigen und den ersten eigenen Zielgruppen erstellt haben, dann gratuliere ich dazu, dass Sie jetzt auch dabei sind – im Kreis der performanceorientierten Facebook-Marketer!

Performanceorientiert bedeutet natürlich auch immer datenbasiert. Deshalb ist es völlig unerlässlich, dass wir die Werbeanzeigen auch analysieren.

Praxisbeispiele

Zur Einrichtung einer Kampagne auf Facebook schauen wir uns jetzt einmal das Beispiel eines Rechtsanwalts aus München an, der gerne Leads für eine Rechtsberatung sammeln möchte, die er auf seiner Landingpage anbietet. Man kann sich demnach auf seiner Landingpage dafür eintragen.

Wir beginnen mit dem Erstellen der Kampagne. Hierfür haben wir zwei Buttons, auf die man klickt und dann zur Einrichtungsseite der Kampagne gelangt. Nun sehen wir die verschiedenen Ziele und wählen wir hier als Ziel die Conversions aus.

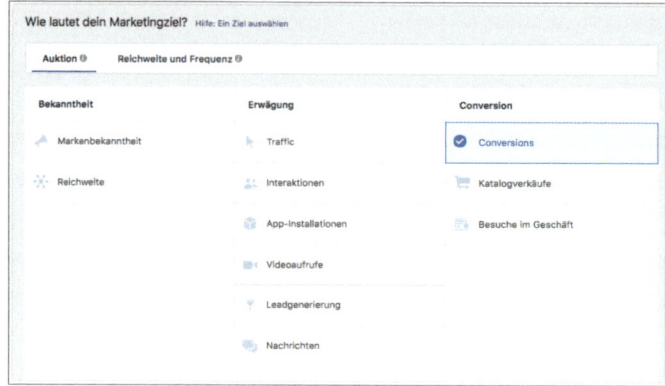

Dann geben wir einen prägnanten Namen für die Kampagne ein, der natürlich später bei der Separierung der verschiedenen Kampagnen helfen soll, weshalb wir hier möglichst präzise angeben sollten, was genau diese Kampagne beinhaltet oder worauf sie ausgerichtet ist – in diesem auf die Rechtsberatung, und unser Ziel sind Conversions.

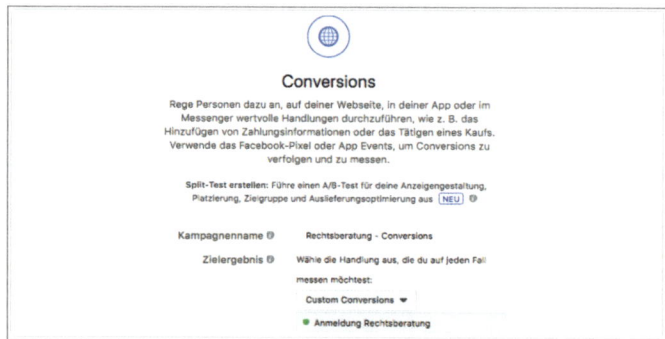

Man kann hier natürlich auch noch andere Informationen notieren, die man benötigt, aber in diesem Fall ist das erst einmal alles, was wir haben, deshalb lassen wir es vorläufig so stehen.

Beim Zielergebnis nehmen wir dann die Custom Conversions, die wir zuvor angelegt haben, dass heißt, mit dieser Custom Conversion erfassen wir, wann sich jemand auf der Seite für eine Rechtsberatung angemeldet hat. Dann klicken wir auf „Weiter".

Auf der nächsten Seite können wir dann die Anzeigengruppe festlegen, also die Ausrichtung der Anzeige. Wir legen fest, an welche Menschengruppe die Anzeige ausgespielt werden soll, und auch hier können wir damit beginnen, den Namen der Anzeigengruppe einzugeben, da wir jedoch noch gar nicht wissen, welche Targetierungen wir nutzen, lassen wir das vorerst.

Bei der Conversion sollten wir die gleiche Custom Conversion verwenden wie bei beim Kampagnenziel – hier ist es schon die richtige, die wir so stehen lassen können. Des Weiteren können wir hier bei der Zielgruppe sowohl festlegen, welche Altersgruppe, also welche demographischen Daten, wir setzen möchten als auch die Custom Audiences, die wir nutzen wollen.

In diesem Fall, ist es sinnvoll, die bisher gesammelten Leads jeweils auszuschließen, damit diese nicht erneut von Werbeanzeigen bespielt werden, und deshalb klicken wir bei Custom Audiences auf „ausschließen" und wählen die angelegte Custom Audience aus, bei der wir die bereits getätigten Anmeldungen für die Rechtsberatung gesammelt haben.

Als Nächstes wählen wir bei Standort aus, dass wir Personen ansprechen wollen, die an diesem Ort leben, und wählen dann den Ort München aus, weil wir ja nur Menschen ansprechen möchten, die in München wohnen. Daraufhin haben wir die Möglichkeit, einen Umkreis festzulegen oder nur die aktuelle Stadt zu wählen. Einen Umkreis um München herum zu wählen, wäre nicht sinnvoll, da es ja bereits in München sehr viele Anwälte gibt und im Umkreis mit Sicherheit noch mehr, weshalb wir uns für die aktuelle Stadt entscheiden, das heißt für ein möglichst kleines Gebiet.

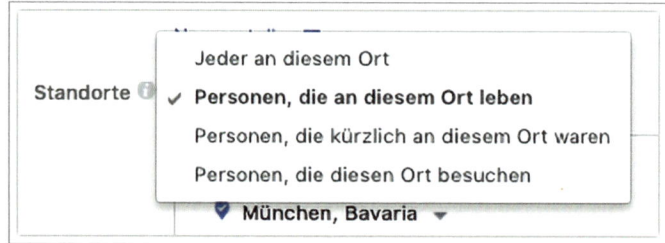

Das Alter wählen wir von 30 bis 65+, da diese Altersgruppe über mehr finanzielle Mittel verfügt und eventuell hier ein höherer Bedarf an Rechtsberatung gegeben ist. Junge Leute, die sich im Studium befinden, werden eher weniger bereit sein, eine Rechtsberatung abzuschließen oder eine Rechtsberatung zu nutzen, deshalb lassen wir diese erst einmal außen vor. Das hängt natürlich auch immer davon ab, ob man sich als Anwalt oder als Person auf eine spezielle Menschengruppe spezialisiert hat.

Als Sprache geben wir Deutsch ein, denn wir möchten deutschsprachige Personen aus München ansprechen.

Im detaillierten Targeting müssen wir zudem überlegen, welche Interessen oder welches Verhalten die Menschen zeigen, die wir ansprechen wollen, oder welche Person wir gerne ausschließen möchten. In diesem Fall möchten wir natürlich Leute ansprechen, die an einer Rechtsberatung interessiert sind.

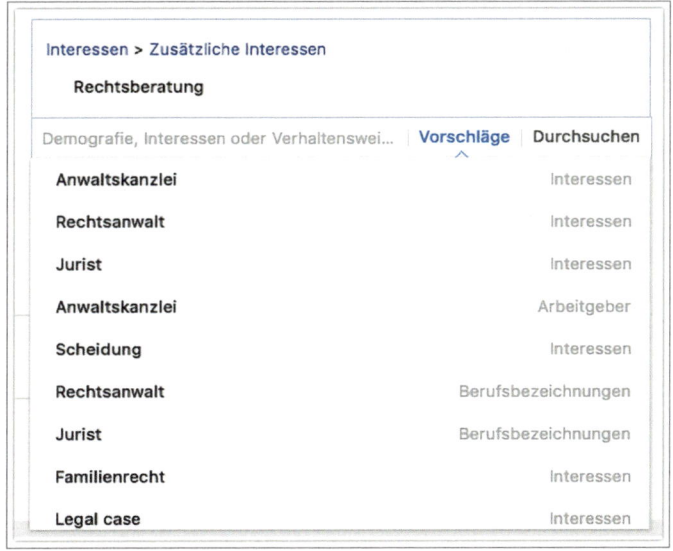

Nachdem wir entsprechend ausgewählt haben, gehen wir weiter nach unten zu den Platzierungen. Hier haben wir nun die automatischen Platzierungen vorausgewählt, zumal diese auch von Facebook empfohlen werden. Diese Einstellung sollten wir auch beibehalten, es sei denn, es gibt bestimmte Werbeformate, die nicht angesprochen werden sollen, wie z. B. Instagram oder das Audience Network – dort wollen manche nicht schalten. Ich würde auf jeden Fall empfehlen, die automatischen Platzierungen beizubehalten, weil Facebook hier selbst optimiert, welche Platzierungen für Ihre Werbeanzeige geeignet sind.

Anschließend folgen Budget und Zeitplan. Hier haben wir die Möglichkeit auszuwählen, ob wir gerne ein Tagesbudget oder ein Laufzeitbudget festlegen möchten. Beim Tagesbudget legen wir natürlich den Wert fest, der pro Tag ausgegeben werden soll, beim Laufzeitbudget müssen wir dagegen festlegen, von wann bis wann die Kampagne durchgeführt werden soll und wie viel Geld wir für diese Kampagne ausgeben wollen.

Ein Laufzeitbudget kann sinnvoll sein, wenn wir nur an bestimmten Tagen oder zu bestimmten Uhrzeiten Werbung schalten wollen. Dies hat aber den großen Nachteil, dass es ein Enddatum gibt, während ein Tagesbudget eben dauerhaft durchläuft.

Also können wir nur ein Start- und ein Enddatum festlegen, aber wir können nicht festlegen, wie viel Geld maximal ausgegeben werden soll, zu welchen Uhrzeiten oder an welchen bestimmten Tagen geschaltet werden soll. Wenn ein Tagesbudget eingestellt ist, dann ist die Kampagne wirklich die ganze Zeit aktiv – außer natürlich, wir stellen sie manuell aus.

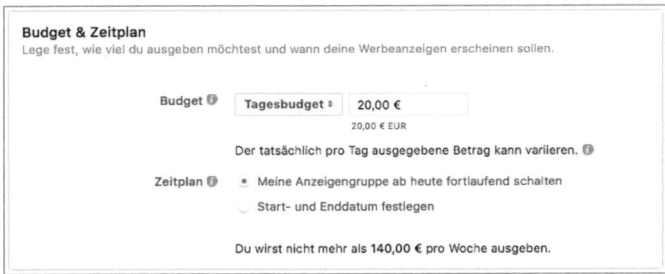

Nun können wir festlegen, auf was die Anzeigenschaltung optimiert werden soll. Wir haben hier die Möglichkeit, auszuwählen zwischen: Conversions, Landing-Page-Aufrufe, Link-Klicks, Impressions oder täglich erreichte Einzelpersonen. Wir möchten natürlich, dass sich möglichst viele Personen für unsere Rechtsberatung anmelden, also eine Conversion abschließen, und somit belassen wir es bei Conversions.

Bei der Option „Conversion-Fenster" können wir angeben, wie lange es in der Regel dauert, bis eine Person die Conversion abschließt. Ich habe die Erfahrung gemacht, dass es am besten funktioniert, wenn man „7 Tage nach dem Anklicken" festlegt. Das macht Sinn, weil viele Leute, wenn Sie das erste Mal auf einer Seite sind, etwas unentschlossen sind und meistens noch 2 bis 3 weitere Besuche brauchen, bis sie eine Conversion oder einen Kauf tätigen. Aus diesem Grund würde ich immer empfehlen, „7 Tage nach dem Anklicken" auszuwählen. Ähnlich wie mit den Seitenbesuchen verhält es sich auch mit dem einmaligen Sehen. Viele Leute brauchen bei Werbeanzeigen einfach mehrere Impressionen, die teilweise auch über eine Woche gehen können, bis sie sich entscheiden, sie anzuklicken oder eine Conversion abzuschließen. Aus genau diesen Gründen ist „7 Tage nach dem Anklicken" die beste Wahl.

Bei der Gebotsstrategie belassen wir es bei niedrigen Kosten „automatic bidding". Wir legen nicht fest, welcher Wert das Maximalgebot ist, sondern lassen hier Facebook die Arbeit machen. Nachdem wir das alles festgelegt haben, gehen wir wieder nach oben und schreiben in den Titel, was wir gerade festgelegt haben, und das am besten so ausführlich wie möglich, damit wir jederzeit wissen, wenn wir unser Werbekonto anschauen, was wir bei dieser Anzeigengruppe ausgewählt haben.

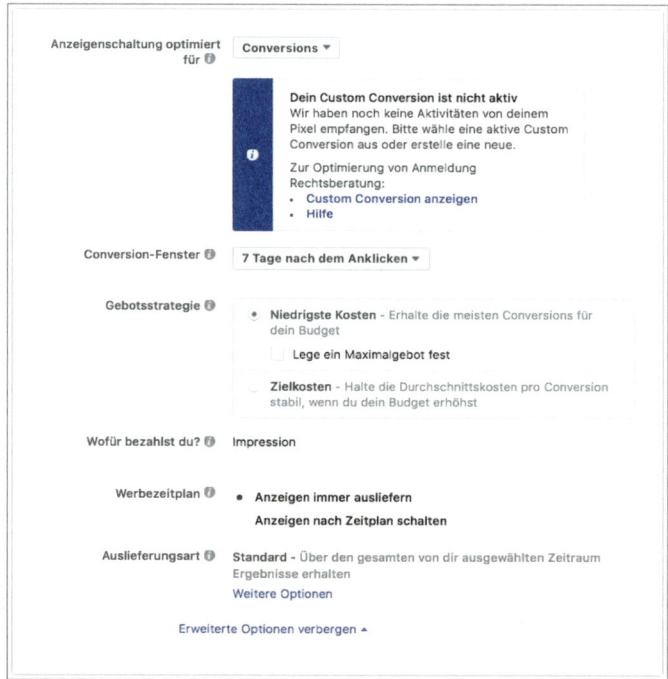

In diesem Fall schreiben wir: München/30 bis 65+/wir targetieren Leute, die eine Rechtsberatung abschließen wollen/AB steht für „Automatic Bidding" – und falls noch weitere Informationen eingegeben wurden, wie z. B., ob es ein Laufzeitbudget ist oder wie viel Budget oder andere Tagetierungen festgelegt wurden, dann können wir diese hier auch noch aufführen.

Nun können wir unsere Anzeige erstellen.

Wir können einen Titel festlegen, wir können eine „Werbeanzeige erstellen" und anschließend „Bestehenden Beitrag verwenden" klicken, und je nachdem, was wir auswählen, müssen wir dann die Facebook-Seite aussuchen und können das gewünschte Format festlegen.

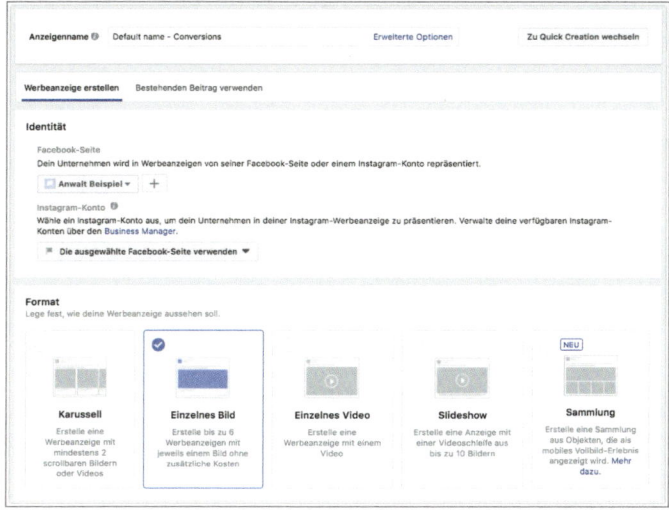

Wir wählen hier einfach mal „Einzelnes Bild" und können sogleich mit der Erstellung der Anzeige beginnen. Wir möchten jetzt gerne ein Bild einfügen, und da ich kein eigenes Bild zur Verfügung habe, nehme ich einfach ein kostenloses Standardbild, einen Anwalt, passend zu unserem Thema.

Insbesondere Anwälte brauchen ein sehr professionelles Bild, deshalb rate ich dazu, nicht unbedingt ein Bild zu wählen, das sehr amateurhaft wirkt. Schließlich wollen wir Expertise vermitteln – also sollten Sie ein möglichst hochwertiges Bild aussuchen. Wenn Sie gerade nicht aus eigenen Bildern schöpfen können, dann können Sie auch einfach auf kostenlose Standardbilder zurückgreifen. Nun fügen Sie den Link ein und geben einen Text mit Titel an. Möglichkeiten sind z. B. „Mehr dazu" oder „Mehr ansehen", die erfahrungsgemäß sehr gut funktionieren.

Danach können Sie noch festlegen, wie der Link Ihrer Anzeige aussieht, genauso wie die Beschreibung des News-Feed-Links.

Sobald Sie das alles eingetragen haben, drücken Sie auf „Bestätigen". Dann wird die Anzeige überprüft, und Sie sind am Ziel!

Schauen wir uns jetzt einmal eine andere Kampagne an, in diesem Fall zum Thema **Abnehmen.** Es handelt sich um eine kalte Zielgruppe, zu der ich hier einmal zwei Zielgruppen zeige, damit deutlich wird, wie targetiert wurde.

- Es wurde Nutella targetiert.
- Es wurde Imbiss targetiert.

Es erschließt sich fast schon logisch, dass Frauen von 30 bis 64 Jahren, die gerne Nutella essen, sich potenziell für ein Abnehmprodukt interessieren, was sie auch getan haben – 5 Sales wurden dadurch erreicht.

Was hat sich diesbezüglich am besten verkauft: Körperliche Fitness hat 235 Verkäufe erreicht, und das ist eine Lookalike Audience von allen bisherigen Leads, die wir uns einmal im Detail ansehen:

Wir haben als Tagesbudget 50 Euro eingestellt, was einfach der Tatsache geschuldet ist, dass das Abnehmprodukt normalerweise 69 Euro gekostet hat und man sich hier gut über den Tag herantasten kann, ob z. B. schon ein Verkauf hereinkommt.

Eigentlich müsste man so viel Budget einstellen, dass über die Woche 50 Verkäufe generiert werden könnten. Das heißt, man müsste sich ausrechnen: Über 7 Tage brauche ich 50 Verkäufe, dann brauche ich am Tag etwa 7 bis 8 Verkäufe. Wenn mir ein Sale 70 Euro wert ist, dann sollte ich eher ein Tagesbudget von 500 Euro einstellen, damit ich das auch schaffe.

Der Hintergrund ist folgender: Facebook braucht 50 Aktionen, um optimieren zu können. Wenn man nun 50 Sales hat, dann kann auf diese 50 Käufe optimiert werden, doch wenn man sie nicht hat, dann findet die Optimierung nicht optimal statt. Dann könnte man auch auf das Bestellformular optimieren, das heißt dahingehend, wie viele Leute auf dem Bestellformular eingetragen waren, weil ja die Conversion Rate eigentlich immer die gleiche ist.

Als Zielgruppe ist die Kundenliste hier ausgeschlossen, da wir diese ja nicht erreichen wollen. Wir brauchen auch keine der Customer Audiences, da es sich dabei um die Zielgruppen handelt, die von uns angelegt wurden.

Darum wählen wir „Personen, die an diesem Ort Leben: Deutschland, Österreich, Schweiz" und dann Frauen, die sich für körperliche Fitness interessieren.

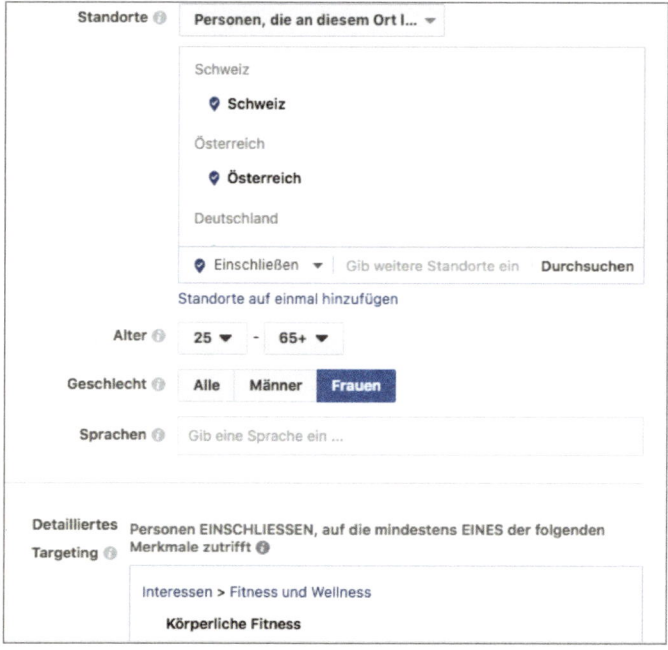

Nun haben wir einzelne Platzierungen ausgewählt, was aber schlussendlich nicht relevant ist, denn mittlerweile geht man dazu über, auf automatische Platzierung zu setzen und Facebook die besten Plätze finden zu lassen.

Falls Facebook wirklich keine Käufer finden sollte, weil es einfach zu teuer ist oder weil zu wenige Käufe pro Woche zustande kommen, dann sollte man erst mal auf Link-Klicks optimieren, denn 50 Klicks auf den Link pro Woche sollten umsetzbar sein, sonst hat man etwas falsch gemacht.

Sobald hier genügend Käufe generiert wurden, wird automatisch umgeswitcht auf die Optimierung, auf Conversions, also in diesem Falle Sales, weshalb es absolut ratsam ist, diese Funktion immer angestellt zu lassen.

Zunächst gehen wir mit einem automatischen Gebot rein. Da wir also nicht von vorneherein festlegen, was wir maximal bereit sind auszugeben, sondern Facebook das Budget ausgeben lassen, haben wir den Vorteil, dass wir überhaupt erst einmal sehen, wie gut das ausgespielt wird und zu welchen Preisen die Verkäufe gelingen.

Wenn man dann mit den Maximalgeboten arbeitet, wird es deutlich schwieriger, das gesamte Geld ausgeben zu lassen, weil man dann die Begrenzung für Facebook noch wesentlich verstärkt.

Wie sieht die Werbeanzeige nun aus? Es ist eine ziemlich einfache Werbeanzeige in Form eines Videos: „Fragst du dich auch, wie … unsere Trainerin zeigt dir praktische Tipps für einen flachen Bauch“.

Exkurs: Was sind Messenger-Bots, und warum sollte ich sie nutzen?

Wir schlagen an dieser Stelle einen kleinen Umweg ein, um ein Thema zu betrachten, das sehr eng mit Facebook verknüpft ist und aktuell viele Möglichkeiten bietet.

Wenn neue Kommunikationswege entstehen, dann schenken viele Menschen ihnen auch größere Aufmerksamkeit. Der E-Mail-Verkehr ist inzwischen zum Alltag geworden: Auf diesem Weg erhalten wir Rechnungen, führen geschäftlichen Schriftverkehr, und ein großer Teil der E-Mails, die wir täglich erhalten, sind Werbe-E-Mails.

Messenger-Dienste wie der Facebook-Messenger sind dagegen sehr privat. Auf diesem Weg tauschen wir uns schnell und unkompliziert mit unseren Freunden aus. Deshalb haben wir auch oft Dutzende oder Hunderte ungelesene E-Mails in unserem Posteingang – aber nur selten eine ungelesene Nachricht im Messenger! Jedes Mal, wenn wir das rote Symbol sehen, das neue Nachrichten verkündet, drängt es uns nachzusehen.

Das erklärt die im Vergleich mit E-Mail-Marketing exorbitanten Öffnungsraten von Nachrichten, die über Messenger-Bots versendet werden. Wir sprechen hier von Raten von über 80 % – einige Marketer berichten sogar, dass einzelne Kampagnen bis zu 98 % Öffnungsrate erzielt haben.

Na gut, die Nachrichten wurden fast alle geöffnet – aber was dann? Natürlich ist auch die Click-through-Rate wichtig, denn die Empfänger sollen unsere Botschaft ja nicht nur lesen, sondern auch darauf reagieren. Was für Reaktionen das sein können, dazu kommen wir gleich. Was hier erst einmal wichtig ist: Beim Einsatz von Messenger-Bots sind Klickraten von über 50 % keine Seltenheit!

Wahrscheinlich wird bis 2025 der Einsatz von Messenger-Bots ähnlich verbreitet sein, wie es der Einsatz von Newslettern und E-Mail-Marketing heute ist. Dann werden auch ähnliche Effekte einsetzen: Die Menschen werden auf diesem Kanal langsam werbeblind werden. Das heißt, sie werden immer weniger dazu neigen, jede neue Nachricht zu öffnen und zu lesen, und dann benötigt man wesentlich größere Empfängerlisten, um noch die gleiche Menge an Menschen zu erreichen. Newsletter-Marketing funktioniert zwar noch sehr gut – durch die immer niedrigeren Öffnungs- und Klickraten sind aber im Vergleich zum Bot-Marketing die goldenen Zeiten bereits vorbei.

Auch Facebook bietet aktuell sehr vorteilhafte Bedingungen für den Einsatz von Chat-bots – denn natürlich profitiert Facebook als Werbeplattform davon, wenn sich eine weitere über sein System laufende Werbeform etabliert. Die gute Nachricht ist aber, dass man Messenger-Bots derzeit außerordentlich günstig, bei einigen Anbietern sogar kostenlos, ausprobieren kann.

Es gibt also viele gute Gründe, sich näher mit den gesprächigen Robotern zu befassen, die nicht weniger versprechen, als die Zukunft des Direkt-Marketings zu sein.

Wie funktioniert ein Messenger-Bot?

Das Bot in Messenger-Bot steht für Robot. Denn wie bei einem Roboter kann der Nutzer mit dem Bot Unterhaltungen führen, die bestimmten vorgegebenen Abläufen folgen. Dabei ist nicht immer eine künstliche Intelligenz beteiligt: In der Regel handelt es sich um vorgefertigte Gesprächs-Scripte, bei denen der Bot eine Nachricht aussendet, auf die der Nutzer verschiedene Antwortmöglichkeiten hat. Diese Antwortmöglichkeiten führen dann zu jeweils unterschiedlichen Reaktionen des Bots – mit wieder unterschiedlichen Antwortmöglichkeiten.

Je komplexer wir dieses System von Antwortmöglichkeiten und möglichen Reaktionen gestalten, desto längere und ausführlichere Gespräche zwischen Bot und Nutzer werden möglich. Das Spannende dabei ist die Interaktivität: Mit den richtigen Fragen und Auswahlmöglichkeiten können wir Nutzer wie in einem kleinen Funnel über ihre spezifischen Probleme und Interessen zielgerichtet zum optimalen Angebot führen.

Den Messenger-Bot verwendet man nicht aus der Facebook-Oberfläche heraus, sondern über externe Anbieter, von denen ich zwei später noch kurz vorstellen werde. Grundsätzlich ist die Anwendung relativ einfach – wobei aber natürlich auch hier die richtige Strategie entscheidend ist. Denn es macht einen großen Unterschied, ob man seine Kunden und Interessenten ständig mit plumpen Werbephrasen nervt – oder ob man ihnen hilfreiche Tipps und Infos liefert und ihnen dabei anbietet, in einen interessanten und attraktiven Dialog zu treten.

Welche Möglichkeiten bietet ein Messenger-Bot?

Die Bots unterschiedlicher Anbieter haben einen unterschiedlichen Funktionsumfang, der allerdings auch immer wieder weiterentwickelt wird. Es kann also sein, dass in der Zeit, in der dieses Buch gedruckt wurde, bereits eine neue Funktion oder Möglichkeit zur Verfügung steht. Außerdem kann man mit entsprechenden Programmierkenntnissen auch seinen eigenen Chatbot erstellen und ihm eigene Funktionen geben – wir gehen hier aber zunächst nur auf die Bots ein, für die keine Programmierkenntnisse erforderlich sind, da ich annehme, dass diese Bots für die allermeisten Menschen die interessanteren Optionen sind.

Bisher mögliche Funktionen, die aber nicht von allen Anbietern gleichermaßen unterstützt werden, sind:

- Versenden von Nachrichten (Text, Bild, Video, Dateien) an Empfängerlisten
- Verschachtelte Gespräche durch Auswahl- und Reaktionsmöglichkeiten für die Nutzer
- Spracherkennung und künstliche Intelligenz (Erkennen von natürlicher Sprache und Varianten bei der Antwort)
- Live-Chat-Möglichkeiten (Möglichkeit, auch nicht automatisierte Nachrichten zu versenden)
- Integration von Analysemöglichkeiten zur Segmentierung von Gruppen etc.
- E-Commerce-Integration (E-Payment-Möglichkeiten zum direkten Kauf im Messenger)

Damit stehen uns eine ganze Reihe von Möglichkeiten zur Verfügung, um den Bot einzusetzen. Einerseits, um dem Kunden oder Interessenten einen Nutzen oder Mehrwert auf einem für ihn attraktiven Weg anzubieten. Und andererseits, um unsere Dienstleistung oder Produkte auf einem extrem effizienten Weg zielgerichtet zu vermarkten und zu verkaufen. Daher sollten wir uns nun anschauen, wie Bots in unterschiedlichen möglichen Szenarien optimal genutzt werden können.

Wie kann ich einen Messenger-Bot einsetzen?

Natürlich gibt es noch viele weitere mögliche Szenarien – ich beschränke mich aber hier erst einmal auf drei Beispiele, mit denen die Bandbreite der Möglichkeiten in verschiedene Richtungen illustriert werden soll.

Szenario A: **Als Teil eines existierenden Funnels**

Nachdem Interessenten auf Ihre Anzeige geklickt haben, kommen sie auf eine Landingpage. Dort wird ihnen ein Angebot unterbreitet, wie z. B. weiterführende Informationen oder ein kostenloses E-Book als PDF. Dafür sollen die Interessenten auf einen Link klicken, der sie direkt in den Facebook-Messenger und zu Ihrer ersten Nachricht führt. Darauf können die Interessenten dann reagieren, und schon sind sie mit dem Bot im Gespräch. Dieser kann nach dem Erstkontakt noch weiterführende Angebote unterbreiten und so das Gespräch selbst als Funnel nutzen.

Dabei erhalten Sie statistische Daten über die Nutzer, die mit Ihrem Bot sprechen. Sie können die Nutzer in verschiedene Listen untergliedern und künftig gezielt über den Bot ansprechen.

Szenario B: **Als Broadcast-Möglichkeit**

Natürlich können Sie, wie ganz zu Anfang beschrieben, auch einfach Direktnachrichten versenden, ähnlich wie beim E-Mail-Marketing. Wie wir allerdings bereits gesehen haben, ist die Bot-Nutzung als Broadcast sehr viel effizienter als die Nutzung von E-Mails. Ein typisches Szenario wäre, dass wir Empfängern, mit denen wir bereits in Kontakt waren, Folgenachrichten senden, z. B. in Form von hilfreichen Infos, die dem Empfänger einen Mehrwert bieten. In der Reaktionsmöglichkeit können dann Wege eingebaut werden, die zu konkreten, qualifizierten Angeboten führen.

Die große Stärke von Bots liegt dabei nicht nur in der hohen Öffnungs- und Klickrate. Auch die User-Experience, die sich aus der Interaktivität ergibt, und die Möglichkeit, Nutzer über Frage- und Antwortmöglichkeiten für bestimmte Angebote zu qualifizieren und direkt dorthin zu lenken, sind in dieser Form einzigartig.

Szenario C: Als „**interaktiver Concierge**"

Wir haben bisher eine passive und eine aktive Nutzungsform von Bots angesprochen. Als Teil eines Funnels reagiert der Bot auf ein konkretes Anliegen des Interessenten, während er in der Broadcast-Funktion die Nutzer aktiv anspricht.

Nun kommen wir zu einer weiteren sehr interessanten Nutzungsmöglichkeit, bei der sich der Bot wieder passiv verhält. Diese Form funktioniert besonders gut, wenn sie auch entsprechend beworben wird, wenn die Nutzer also wissen, dass ihnen diese Funktion zur Verfügung steht. Ein typisches Einsatzfeld sind z. B. Veranstaltungen, bei denen Teilnehmer über den Bot verschiedene Informationen zur Veranstaltung abfragen können. Dabei können dann Möglichkeiten zum Ticket-Verkauf und Up- und Downselling-Angebote in den Gesprächsverlauf integriert werden.

Diese Form des Bots hat es mittlerweile auch in eigenständige Geräte geschafft: Amazon Alexa, Google Home, Siri und andere digitale Assistenten funktionieren nach einem ähnlichen Prinzip. Bittet man z. B. Alexa darum, Musik von bestimmten Künstlern abzuspielen, wird man auf ein Amazon-Prime-Abo verwiesen. Andere Musik ist wiederum frei verfügbar. Außerdem können über den Sprachassistenten Käufe auf der Amazon-Plattform direkt getätigt werden. Diese Entwicklung steht gerade erst am Anfang und bietet vermutlich ein sehr großes Potenzial durch immer natürlicher werdende Dialoge und wachsende Integrationsmöglichkeiten. Bis auf die Spracheingabe stehen Ihnen bei Messenger-Bots vergleichbare Möglichkeiten zur Verfügung.

Was für Messenger-Bots sind verfügbar?

Wie bereits erwähnt, sind keine Programmierkenntnisse nötig, um sofort mit einem Chatbot loszulegen. Die verfügbaren Systeme bieten relativ übersichtliche Interfaces: Wer bereits mit E-Mail-Anbietern wie MailChimp gearbeitet hat, wird sich in der Regel schnell zurechtfinden.

Ich möchte Ihnen an dieser Stelle zwei verbreitete Systeme vorstellen, die sowohl für den Einstieg als auch für die professionelle Anwendung gut geeignet sind: Chatfuel und ManyChat. Beide bieten eine kostenfreie Einstiegsoption an: Bei ManyChat sind dabei allerdings die Funktionen eingeschränkt, und es wird im Menü des Chatbots der Name des Anbieters eingeblendet. Chatfuel stellt Ihnen zwar alle Funktionen zur Verfügung, aber auch hier werden Ihre Nachrichten mit dem Anbieternamen versehen.

Mit einer monatlichen Zahlung, bei der je nach Anzahl der Empfänger der Preis steigt, können Sie diese Einschränkungen aufheben. Das ist empfehlenswert, wenn Sie sich in die Funktionen des Bots eingearbeitet haben und anfangen wollen, ihn regulär zu nutzen.

Beide Bots sind in der Lage, auf Fragen und eingegebene Keywords zu reagieren. Im Gegensatz zu ManyChat verwendet Chatfuel dabei aber eine künstliche Intelligenz mit Spracherkennung, wodurch Sie nicht alle möglichen Varianten einer Frage zuvor selbst definieren müssen. Außerdem ist bei Chatfuel eine Bezahlung direkt im Chat über den Zahlungsanbieter Stripe möglich.

Welcher Bot mit seinem Funktionsumfang am besten zu Ihren Bedürfnissen passt, können Sie direkt selbst herausfinden: Sie können sich ja bei beiden Anbietern kostenlos anmelden und es ausprobieren. Das würde ich Ihnen sogar empfehlen, bevor Sie sich nur aufgrund von theoretischen Informationen für eines der beiden Systeme entscheiden.

Exkurs: Was ist Viralität, und welche Vorteile hat sie für mich?

Ein weiterer privater Kommunikationskanal sind virale Beiträge. Diese werden nicht in erster Linie als Werbung wahrgenommen, sondern reihen sich nahtlos in das Internet-erlebnis der Nutzer ein. Sie bieten einen hohen Unterhaltungswert und werden deshalb gerne geteilt. Dies ist vergleichbar mit Mundpropaganda im digitalen Zeitalter. Die Beiträge werden von vielen Menschen in kurzer Zeit geteilt, sodass sie sich explosionsartig über verschiedene Internetkanäle verbreiten.

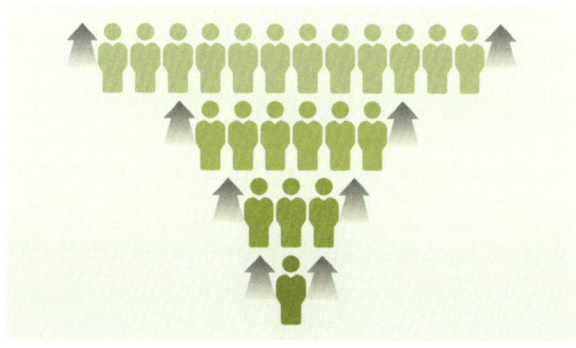

Nehmen wir an, ein Beitrag gefällt 40 Nutzern auf Facebook so gut, dass sie ihn teilen. Dadurch sehen ihn auch ihre Freunde, also jeweils vielleicht 300 oder 400 Personen. Davon teilen den Beitrag im Durchschnitt jeweils 10 Freunde, woraus sich bereits 40 x 10 = 400 Shares ergeben. Wenn den Beitrag jeweils im Durchschnitt 300 Freunde sehen, dann sind dies 400 x 300 = 120.000 Personen, die den Beitrag gesehen haben – ohne dass wir für diese Extrareichweite etwas bezahlen mussten!

Oft verbreiten sich virale Beiträge sogar so stark, dass sie auf andere Netzwerke überschwappen: Dann wird der Beitrag neben Facebook plötzlich auch auf Twitter, Instagram und Co. verbreitet und erzielt eine noch größere Reichweite. Außer über Social Media verbreiten sich virale Beiträge auch per E-Mail, über Blogs, Foren und Sharing-Plattformen und mithilfe von Influencern.

Der Erfolg einer viralen Kampagne hängt davon ab, wie gut es gelingt, die Nutzer mitzureißen. Daher ist es wichtig, dass der Beitrag Emotionen erzeugt und eine hohe Überzeugungskraft besitzt. Im besten Fall handelt es sich bei viralen Beiträgen um Inhalte, die Pain Points potenzieller Kunden ansprechen, Lösungen für ihre Probleme aufzeigen und der Zielgruppe einen Nutzen bringen oder sie begeistern.

Außerdem ist es wichtig, dass Branded Content zum Einsatz kommt, also dass ein eindeutiger Zusammenhang zwischen den Inhalten und der Marke besteht. So gelingt es, dass sich die Marke im Kopf der Nutzer festsetzt und einen höheren Wiedererkennungswert erlangt. Zusätzlich sollte die Kampagne massentauglich sein, um ein möglichst breites Publikum anzusprechen und Nutzer zum Teilen einzuladen, die nicht zum unmittelbaren Kundenkreis gehören.

Gut gelungen ist dies z. B. dem Unternehmen Dollar Shave Club, das einen Abo-Service für Rasierklingen und Körperpflegeprodukte anbietet. Dieser Abo-Service wurde Anfang 2012 mithilfe eines YouTube-Videos mit dem Titel „Our Blades Are F***ing Great" angekündigt, das unerwartet viel Traffic bekam und viral ging. In diesem Video ist CEO Michael Dubin zu sehen, der die Zuschauer durch die Lagerhalle seines Unternehmens führt und ihnen auf unterhaltsame Art und Weise erklärt, wie sein Angebot die kleinen Unannehmlichkeiten beseitigt, die jeder kennt, der sich rasiert.

Mit diesem Video ist es dem Unternehmen gelungen, ein langweiliges Alltagsproblem so kurzweilig aufzubereiten, dass viele es unbedingt mit ihren Freunden teilen wollten.

Dollar Shave Club hat durch diesen viralen Beitrag innerhalb der ersten 48 Stunden 12.000 Abonnements abgeschlossen; das Video wurde bisher über 25 Millionen Mal aufgerufen. 2016 wurde das Unternehmen an Unilever verkauft – angeblich für eine Milliarde US-Dollar.

Ein anderes Unternehmen, das verstanden hat, wie man eine virale Kampagne kreiert, ist Old Spice, ein Hersteller von Körperpflegeprodukten für den Mann. Die Erfolgsserie viraler Beiträge startete 2010 mit dem YouTube-Video „The Man Your Man Could Smell Like": Dort wird der attraktive „Old Spice Guy" in surreale und ständig wechselnde Situationen versetzt. Auf charmante Art spricht er Frauen an und suggeriert ihnen, dass ihre Männer genauso gut riechen können wie er. Gerade der sinnfreie und surreale Humor sorgte für den großen Erfolg des Videos, das mittlerweile über 55 Millionen Aufrufe erzielt hat.

Während in diesem ersten Video vor allem Frauen angesprochen wurden, die die Produkte für ihre Partner oder für Familienangehörige kaufen, wurde mit „Mom Song" 2014 ein weiterer viraler Spot veröffentlicht, der sich eher an Heranwachsende und junge Männer richtete. In diesem nicht weniger surrealen Video wird ebenfalls auf Humor gesetzt, denn hier singen Mütter in wechselnden surrealen Szenen über die Probleme ihrer jungen Söhne und bitten Old Spice, aus ihnen Männer zu machen.

Solche Beiträge begeistern und unterhalten und werden deshalb gerne geteilt. Die Leute, die diese Videos teilen, werden so freiwillig zu Kampagnenhelfern. Und genau aus diesem Grund sind virale Posts so wirksam: Sie verbreiten sich wie Lauffeuer in Online-Communitys, kosten aber nicht viel.

Der große Vorteil viraler Beiträge ist, dass sie den ideellen Geschäftswert steigern. Sie sorgen also für einen guten Ruf und erhöhen den Wiedererkennungswert der Marke. Zusätzlich können Sie so Tausende von Leads generieren und Ihre Conversion steigern. Virale Posts sind ein guter Weg, um einen hervorragenden ROI zu erzielen, der weitaus höher ist als die Kosten.

Natürlich gibt es keine Garantie dafür, dass ein Beitrag viral geht, denn man kann sich nie hundertprozentig sicher sein, dass die Inhalte funktionieren und die gewünschte Zielgruppe angesprochen wird. Falls Nutzer negativ auf die Kampagne reagieren, ist ein

Imageverlust möglich. In jedem Fall sind virale Beiträge meist kurzlebig, und die Erfolgs-messung ist schwierig und mit hohem Aufwand verbunden.

Eine virale Kampagne zu erzeugen, ist aber zweifellos einen Versuch wert. Besonders geeignete Inhalte sind Videos und kostenlose Informationsmaterialien wie Whitepaper. Auch Werbespiele und kostenlose Tools eignen sich gut als Aufhänger für virale Kampa-gnen.

Mithilfe von Seeding platzieren Sie diese Inhalte dann strategisch und zielgerichtet auf den Plattformen, die von Ihrer Zielgruppe bevorzugt genutzt werden. Dafür eignen sich Plattformen, auf denen ein reger Kommunikationsaustausch stattfindet, in der Regel am besten, da die Nutzer dort in hohem Maße miteinander interagieren und sich die Inhalte so schneller verbreiten.

Viralität bei Facebook: Wenn sich Ihre Werbung selbstständig verbreitet

Kein Wunder, dass man bei Facebook-Werbung kaum noch um das Thema Viralität herumkommt, denn auf dieser Plattform sind weltweit täglich 400 Millionen Menschen aktiv. Natürlich geht nicht jeder Beitrag viral – aber wenn es mal einer tut, dann erreicht er oft eine enorme Reichweite. Und das kann verschiedene Vorteile haben:

- Eine Werbebotschaft oder ein mit dem Beitrag versendeter Link erreicht eine große Verbreitung.
- Aus den Interaktionen mit dem Beitrag lassen sich Daten für Custom Audiences gewinnen.
- Facebook belohnt Beiträge mit starker Interaktion durch bessere Anzeigenpositio-nen.

Vor allem auf den Punkt mit den Custom Audiences möchte ich an dieser Stelle noch einmal genauer eingehen, denn virale Beiträge können uns hervorragend bei der Suche nach relevanten Zielgruppen helfen. Und das geht auch noch ziemlich einfach: Zunächst erstellen wir einen Beitrag, von dem wir uns interessante Ergebnisse versprechen. Neh-men wir einmal an, wir vermarkten einen Online-Kurs zu dem Thema Geld und Erfolg. Dann erstellen wir z. B. einen Beitrag, der ein Zitat zum Thema Erfolg emotional mit einem Hintergrundbild verbindet. Dazu kann man im Text eine Aufforderung zur Interaktion einbinden: „Sagen Sie uns, was Sie über Erfolg denken!", oder: „Markieren Sie einen Freund, der das auch sehen sollte!"

Wenn der Beitrag viral gegangen ist, also begonnen hat, sich exponentiell zu verbreiten, dann erhalten wir zahlreiche Daten über Nutzer, denen der Beitrag gefällt oder die ihn kommentiert oder geteilt haben. Von diesen Nutzern nehmen wir an, dass sie das Thema des Beitrages angesprochen hat – und dass sie sich deshalb wohl auch für das Thema unseres Webinars interessieren. Also erstellen wir eine Custom Audience aus diesen Personen, die wir zusätzlich über Lookalike Audiences skalieren können. Diese Form der Zielgruppenfindung erfordert zwar etwas Kreativität – ist aber sehr effizient und wird deshalb immer beliebter.

Wenn man die Reichweite direkt nutzen möchte und nicht, um eine Zielgruppe zu erstellen, dann muss man den Beitrag irgendwie mit einem Angebot verknüpfen. Dafür gibt es zwei Möglichkeiten. Wenn der Beitrag auf eine Landingpage verweist – z. B. auf einen viralen Blog-Beitrag –, dann hat man dort in der Regel auch die Möglichkeit, einen Link zu dem Angebot unterzubringen. Wenn der virale Beitrag aber nur ein Bild ist, z. B. ein Foto mit einem Spruch, dann sollte man den Beitragstext sinnvoll nutzen. Darin sollte dann auch mindestens ein Link auf das zum Beitrag passende Angebot bzw. auf die dafür erstellte Landingpage enthalten sein. Aus optischen Gründen ist es oft sinnvoll, den Link mithilfe eines Anbieters für URL-Verkürzungen, wie Bitly, zu kürzen.

Auch auf die Belohnung von Interaktionen in Form einer verbesserten Anzeigenposition möchte ich kurz eingehen. In den letzten Jahren ist die organische Reichweite von Facebook-Beiträgen drastisch zurückgegangen. Beiträge werden nicht mehr automatisch in der Timeline jedes Abonnenten dargestellt, sondern zuvor intern nach Relevanz priorisiert. Und die Faktoren für diese Relevanz liegen überwiegend in der Interaktion: Abonnenten, die unsere Beiträge geliked oder geteilt haben, bekommen sie öfter eingeblendet. Und Beiträge, die oft geliked oder geteilt wurden, werden von Facebook bevorzugt angezeigt. Ohne virale Beiträge wird also die organische Reichweite immer geringer werden! Aber auch die bezahlten Beiträge, also Anzeigen, gelten als hochwertiger und erhalten deshalb bevorzugte Positionen, wenn sie viral sind und von vielen Nutzern geteilt wurden.

Wie erstellt man einen viralen Beitrag?

Ob ein Beitrag letztendlich viral wird und sich wie ein Lauffeuer verbreitet oder ob er mit ein paar einzelnen „Likes" wieder in den Tiefen der Timeline versinkt, ohne großen Eindruck gemacht zu haben, entscheiden allein die Nutzer. Darüber sollte man sich im Klaren sein, wenn man einen viralen Beitrag erstellen möchte. Egal, was für eine Message man mit dem Beitrag verbreiten möchte – wenn sie die Nutzer nicht interessiert, dann werden sie sich nicht dafür engagieren, sie zu verbreiten.

Aber was interessiert Nutzer auf Facebook? Die meisten Menschen nutzen Facebook zur Zerstreuung und zur Unterhaltung. Wenn sie ihre Timeline herunterscrollen, dann erwarten sie etwas Neues, etwas Interessantes. Dabei können es ganz unterschiedliche Dinge sein, die ihre Aufmerksamkeit auf sich ziehen:

- **Humor:** Etwas Lustiges kommt meist gut an und wird gerne geteilt, nachdem man gelacht hat.

- **Emotionen:** Beiträge mit emotional berührenden Themen wecken bei vielen Nutzern das Bedürfnis, sie zu teilen.

- **Motivation:** Energiespendende Worte sind bei vielen Nutzern gern gesehen und werden gern geteilt.

- **Nostalgie:** Ob „Kinder der 70er Jahre" oder „Kinder der 90er Jahre" – Nostalgie zu teilen, verbindet.

- **Tipps und Life-Hacks:** „Das ist eine tolle Idee, die muss ich teilen!" – Genau, so einfach ist das!

- **Überraschungen:** Ungewöhnliche Fakten und überraschende Wendungen wecken die Neugier der Nutzer.

- **Aktualität:** Zu manchen Jahreszeiten sind Menschen für bestimmte Themen besonders sensibel.

- **Trends:** Auch aktuelle Trends, von Challenges bis hin zu Memes, helfen Posts dabei, viral zu werden.

- **Provokationen und Klischees:** Provokationen und Klischees sind zwar sehr wirkungsvoll, aber oftmals auch problematisch und deshalb nur für Profis empfehlenswert.

Außerdem ist es hilfreich, den viralen Start direkt mit einer Aufforderung zum Teilen und Kommentieren zu fördern, wie z. B. mit: „Stimmen Sie zu?", oder: „Was sind Ihre Erfahrungen mit … ?" Hierbei ist es allerdings wichtig, darauf zu achten, keine Engagement-Baits zu erzeugen. Der Begriff Engagement-Bait ist angelehnt an die Clickbait-Artikel einiger Seiten im Netz, die sich die Neugier der User zunutze machen und mit verheißungsvollen Titeln zum Öffnen des Artikels verleiten. Dieser bietet dem Nutzer inhaltlich aber meist keinen nennenswerten Mehrwert. Engagement-Baits sind also Beiträge, die den Nutzer zur Interaktion, im englischen Sprachraum zum Engagement, verleiten, z. B. indem sie Beiträge liken oder teilen. Facebook straft solche Posts jedoch ab, da sie für den User keinen nennenswerten Mehrwert schaffen.

Daher ist es für einen viralen Beitrag optimal, wenn das Beitragsbild oder die Überschrift bereits so überzeugend sind, dass Nutzer den Beitrag freiwillig teilen, ohne dazu erst aufgefordert zu werden.

Wichtig beim Erstellen viraler Posts ist natürlich, das Urheberrecht zu beachten: Es ist zwar ein einfacher Trick, ein beliebtes Meme im Internet zu suchen und es dann selbst zu posten, da man bereits weiß, dass es schnell viral werden wird. Je weiter es sich aber verbreitet, desto größer ist auch die Wahrscheinlichkeit, dass die Urheberrechtsverletzung auffliegt – deshalb ist es besser, eigenen Content zu erstellen. Ein gutes Tool zur Erstellung viraler Videos ist bspw. LUMEN5, das ich jetzt noch genauer vorstellen werde.

Das Tool LUMEN5 zur Erstellung viraler Videos

Videos wirken lebendiger als Bilder und fesseln den Zuschauer oft sogar über mehrere Minuten. Jetzt möchte ich Ihnen erklären, wie Sie professionell wirkende Videos für

Social Media ohne eigene Medien- oder Gestaltungskenntnisse, geschweige denn teures Equipment, ganz einfach selbst erstellen können! Mit LUMEN5, das Sie in der Basisversion kostenfrei ausprobieren können, wandeln Sie Ihre Blog-Beiträge in nur wenigen Minuten in attraktive Videos mit einer Hintergrundmusik nach Wahl um. Dabei werden Sie von einer künstlichen Intelligenz unterstützt, die die Gestaltung und die Auswahl der Bilder automatisch optimiert. Sie behalten aber fortwährend Einflussmöglichkeiten, um die Details Ihren Wünschen entsprechend anzupassen.

Natürlich sind die Einsatzmöglichkeiten für ein solches Tool etwas eingeschränkt, was aber nicht weiter schlimm ist.

Es ist nicht notwendig, hollywoodwürdige Filmkunst zu produzieren – im Gegenteil! Bei kurzen Videos in sozialen Medien sind unprofessionelle Aufnahmen oftmals ansprechender als makellos durchkonzipierte Hochglanzproduktionen, weil sie Authentizität und Nähe vermitteln.

Sie können neben den zur Auswahl stehenden Hintergrundbildern und Hintergrundvideos auch eigene Medien hochladen und so die Ausdrucksmöglichkeiten Ihres Werbe- oder Infovideos noch einmal vergrößern. Grundsätzlich sollten Sie nicht unbedingt immer die ersten Bilder verwenden, die Ihnen die KI vorschlägt: Diese Bilder wurden oft schon für zahllose andere Präsentationen verwendet und wirken alt. Außerdem erhalten Sie häufig deutlich mehr und relevantere Resultate, wenn Sie zusätzlich zu den vorgeschlagenen Bildern selbst das Suchfeld verwenden – am besten mit englischsprachigen Begriffen, da diese des Öfteren viel mehr Treffer erzielen.

Des Weiteren sind die folgenden Punkte hilfreich bei der Erstellung Ihres Videos:

- **30 bis 90 Sekunden:** Das ist die ideale Länge für Videos in sozialen Medien.

- **Pattern Interrupt in den ersten drei Sekunden:** Überraschen Sie den Zuschauer direkt am Anfang des Videos mit etwas Außergewöhnlichem.

- **Blenden Sie die Headline am oberen Bildschirmrand ein:** Virale Videos werden so gekennzeichnet.

Zusammenfassung Teil B

Wer eine erfolgreiche Werbekampagne starten will, muss sich zunächst die folgenden 5 W-Fragen stellen:

- Was will ich verkaufen?
- Wem will ich es verkaufen?
- Wo finde ich meine Zielgruppe
- Wie viel Budget habe ich zur Verfügung?
- Warum wähle ich diese Werbeform?

Hat man sich diesen Fragen gestellt, geht es darum, die richtige Werbekampagne für sein Produkt auszuwählen. Im **Google-AdWords-Suchnetzwerk** bietet man Keyword-bezogen auf Werbeanzeigen. Beim **Google-AdWords-Shopping** wird das gezielt gesuchte Produkt direkt über oder neben den Suchergebnissen angezeigt, was für einen sehr kurzen Verkaufsweg sorgt. Diese Werbeform ist besonders für E-Commerce-Stores gut nutzbar. Bei **Google-AdWords-Videos** wird die Anzeige vor dem Video oder innerhalb des Videos eingespielt, das der Nutzer eigentlich sehen will. Bei **Facebook** bietet man auf die vorgeschlagenen Beiträge, die im Facebook-Feed eingeblendet werden. Diese Auktion bezieht sich allerdings auf die gewünschte Zielgruppe und nicht auf das Keyword. In **nativen Netzwerken** werden werbende Inhalte zwischen redaktionellen Inhalten veröffentlicht. Daher wirken diese besonders professionell. **Content-Netzwerke** bieten Werbeflächen für Anzeigemöglichkeiten in verschiedensten Formaten.

Facebook verbindet seine wichtigsten Eigenschaften miteinander und macht sich dadurch zu einer absolut effektiven Werbeplattform. Durch Facebook ist es möglich, eine extreme Reichweite zu erzielen und gleichzeitig eine datenbasierte, teilweise sogar extra personalisierte Werbekampagne zu gestalten. Man erreicht also über Facebook gezielt besonders viele Menschen mit ähnlichen Interessen, die an dem beworbenen Produkt interessiert sind, und wenn sie nicht schon Kunden sind, dann kann gezielte Werbung sie zu Kunden machen!

Sie erhalten auf Facebook verschiedene Möglichkeiten, sich und Ihr Unternehmen zu präsentieren. Die wichtigsten hier einmal kurz im Überblick:

1. Unternehmens-Page:
   Hier können Sie Ihr Unternehmen oder Ihren Shop benutzerfreundlich darstellen.

2. Werbeanzeige in der rechten Spalte (wird rechts neben dem Newsfeed angezeigt):
   Diese besteht aus einer Kombination aus einem kleinen, querformatigen Bild, einer kurzen Überschrift und einem Text von weniger als 100 Zeichen – der Link in dieser Anzeige führt direkt zur Landingpage.

3. Gesponserte Beiträge:
   Dabei handelt es sich um bewerbbare Beiträge der Unternehmens-Page, für die man konkrete Zielgruppen und ein Werbebudget wählen kann.

Wenn es um Facebook-Anzeigen geht, gibt es ein paar Dinge, die Sie unbedingt beachten sollten. Hier kommen die Do's and Don'ts:

Do's:
- Definieren Sie ein klares Ziel für die Anzeige.
- Definieren Sie eine klare Zielgruppe.
- Verwenden Sie eine direkte Ansprache.
- Seien Sie konsequent, ehrlich und eindeutig bei Versprechen und CTAs.
- Stellen Sie den Nutzen in den Vordergrund.
- Nutzen Sie Emotionen.
- Bieten Sie verschiedene Einstiegspunkte.
- Stellen Sie die Argumente über die Brand.
- Nutzen Sie Ziffern und Sonderzeichen.
- Achten Sie auf eine positive, saubere Sprache.

- Schreiben Sie witzig und humorvoll.
- Nutzen Sie Wörter wie neu, exklusiv, gratis, sofort, risikofrei, Vorteil und weil

Don'ts:
- Verzichten Sie unbedingt auf Fremdwörter und Wörter oder Wendungen wie Problem, wir glauben, im Grunde genommen, nie wieder, 10 Dinge, sehr und sensationell.

Nachrichten via Facebook-Chatbots haben eine Öffnungsrate von über 80 %, was wesentlich höher ist als die Öffnungsrate der allermeisten Newsletter. Chatbots kommunizieren dabei nach vorher definierten Mustern mit dem User und reagieren auf seine Antworten.

Vorteil: Sie gewinnen statistische Daten über Ihre User und können sie dadurch in Listen einteilen und ihnen somit noch gezieltere Angebote unterbreiten. Das Gespräch wird praktisch selbst zum Funnel. Hinzu kommt, dass User Nachrichten über ihren Facebook-Messenger intuitiv als private Interaktion wahrnehmen und sie deshalb bevorzugt öffnen.

Probieren Sie als Einstieg am besten ManyChat und Chatfuel aus. In den kostenlosen Versionen können Sie erst einmal testen, was optimal zu Ihren Ansprüchen passt.

Ob Facebook-Beiträge viral gehen oder nicht und uns somit viele positive Effekte wie ein besseres Ranking der kommenden Anzeigen bescheren, hängt in erster Linie vom User ab. Deshalb ist es ratsam, bei der Anzeige einen Anreiz für den User zu bieten:

- Humor: Etwas Lustiges kommt meist gut an und wird gerne geteilt, nachdem man gelacht hat.

- Emotionen: Beiträge mit emotional berührenden Themen wecken bei vielen Nutzern das Bedürfnis, sie zu teilen.

- Motivation: Energiespendende Worte sind bei vielen Nutzern gern gesehen und werden gern geteilt.

- Nostalgie: Ob „Kinder der 70er Jahre" oder „Kinder der 90er Jahre" – Nostalgie zu teilen, verbindet.

- Tipps und Life-Hacks: „Das ist eine tolle Idee, die muss ich teilen!" – Genau, so einfach ist das!

- Überraschungen: Ungewöhnliche Fakten und überraschende Wendungen wecken die Neugier der Nutzer.

- Aktualität: Zu manchen Jahreszeiten sind Menschen für bestimmte Themen besonders sensibel.

- Trends: Auch aktuelle Trends, von Challenges bis hin zu Memes, helfen Posts dabei, viral zu werden.

- Provokationen und Klischees: Provokationen und Klischees sind zwar sehr wirkungsvoll, aber oftmals auch problematisch und deshalb nur für Profis empfehlenswert.

Kurze Videos lassen sich hervorragend mit dem Tool LUMEN5 erstellen, das in der Basisversion kostenlos ist.

Wenn Sie wissen, wie Ihre Konkurrenz ein Thema oder ein Produkt angeht, dann verfolgen Sie diese Kampagnen doch einfach einmal nach: Klicken und liken Sie die jeweiligen Anzeigen, schauen Sie sich die Landingpages an und beobachten Sie, wie sich der Funnel verengt. So können Sie die erfolgreiche Kampagnenstruktur vielleicht für sich selbst nutzen und auf Ihr Produkt übertragen.

Eine weitere Möglichkeit sind entsprechende Analyse-Tools:

- Fanpage Karma: Beiträge werden nach Kategorien und Erfolg strukturiert dargestellt und bieten einen guten Überblick über erfolgreiche Themen. Außerdem werden Multiplikatoren unter den Fans identifiziert:
  http://www.fanpagekarma.com

- In der Anzeigengalerie von AdEspresso können Sie aus über 15.000 verschiedenen Werbeanzeigen Beispiele aus fast jeder denkbaren Branche wählen:
  https://adespresso.com

- Auch mit Moat lassen sich die Designs und Werbeanzeigen Ihrer Mitbewerber schnell und übersichtlich ausspionieren. Sie finden das Tool unter:
  https://moat.com/

Folgende Möglichkeiten haben Sie, um Ihre Zielgruppe auf Facebook zu targetieren:

- Custom Audiences: Eine heiße Zielgruppe wird targetiert, und es bestehen mehrere Möglichkeiten, aus welcher Quelldatei man die Custom Audience erstellt. Zu diesen zählen:
  - der Facebook-Pixel auf Ihrer Website,
  - Ihre Kundenliste,
  - Ihre Newsletter-Liste und
  - Interaktionen auf Facebook.

- Lookalike Audiences: Aus einer bestehenden Zielgruppe wird eine neue, größere Zielgruppe, die statistisch mit Ihrer bestehenden Zielgruppe übereinstimmt – also Personen mit den gleichen demographischen Merkmalen und einer ähnlichen Kombination von Interessen.

Demographie: Mit verschiedenen demographischen Faktoren werden Kampagnen optimiert, die an Zielgruppen ausgespielt werden, die nach genau diesen demographischen Faktoren strukturiert sind.

- Retargeting: Eine wichtige Rolle für Retargeting-Werbung spielt der Facebook-Pixel, ein kleiner Code-Schnipsel, der auf Ihrer Landingpage, auf Ihrer Website oder in Ihrem Online-Shop eingebaut wird. Die mit dem Facebook-Pixel gesammelten Daten sind der Ausgangspunkt für das Remarketing mit Facebook. So lassen sich Nutzer nach der Interaktion mit der Landingpage oder dem Online-Shop weiterverfolgen.

- Interaktionen: Aus den Interaktionen der Nutzer mit Ihren Facebook-Beiträgen lassen sich wertvolle Daten gewinnen. Um diese Targeting-Möglichkeiten mit dem größtmöglichen Erfolg einzusetzen, muss natürlich alles im Detail aufeinander abgestimmt sein.

Wir unterscheiden bei Facebook zwei unterschiedliche Gebotsstrategien:

1. Optimierung für Klicks: Bei der Optimierung für Klicks wird die Facebook-Anzeige bevorzugt an Personen ausgespielt, die aller Wahrscheinlichkeit nach auch mit ihr interagieren werden.

2. Optimierung für Impressionen:
    a) Es wird auf Aktionen wie „Klicks" oder „Likes" optimiert.
    b) Es wird auf Weite optimiert, sodass möglichst viele Personen erreicht werden, ohne Personen doppelt zu bespielen.
    c) Es wird auf Impressionen optimiert, und Anzeigen werden auch mehrere Male an dieselbe Person ausgeliefert.

Damit Ihre Werbekampagne erfolgreich werden kann, sollten Sie ein paar wenige Grundregeln unbedingt im Auge behalten:

1. Alle Elemente greifen ineinander: Alle Elemente der Werbekampagne sollten möglichst optimal und nahtlos ineinandergreifen. Zu diesen Elementen gehören die Werbeanzeige mit Video- und Bildmaterial, die Landingpage mit Video- und Bildmaterial, die Unternehmens-Page auf Facebook, die sauber definierte Zielgruppe, das Werbebudget und das Tracking.

2. EPA und CPA sind die wichtigsten Werte: Eine Lead-Kampagne sollte beim 10-fachen maximalen CPA-Preis und eine Sale-Kampagne beim 5-fachen maximalen CPA-Preis deaktiviert werden.

3. Targeting von heiß zu kalt: Das Tagesbudget sollte zunächst zu 60 % für heiße, zu 30 % für warme und zu 10 % für kalte Zielgruppen verwendet werden.

4. Anzeigen testen und verbessern: Für einen Test sollte nie mehr als ein Detail verändert werden, da sonst der Effekt nicht mehr genau einer Ursache zugeordnet werden kann.

5. Datenorientiert optimieren: Die Kampagne sollte an den gewonnenen Daten ausgerichtet werden, um

   • Streuverluste zu vermindern und die CPA zu senken sowie
   • erfolgversprechende Zielgruppen zu skalieren und den EPA zu erhöhen.

6. Gezielt skalieren: Bei funktionierenden Kampagnen sollte das Kampagnenbudget um 25 bis 100 % pro Tag erhöht werden. Bei einem negativen Effekt gilt es, das Budget wieder zu senken, bis ein Sweet Spot gefunden ist: das optimale Verhältnis von Kampagnenbudget und erzielten Resultaten.

Teil C: Werbung schalten mit Google AdWords

Wenn man mit seinem Angebot im Internet gefunden werden möchte, dann ist es sinnvoll, dorthin zu gehen, wo gesucht wird. Das ist der große Unterschied zwischen Werbung im Google-Suchnetzwerk und bei Facebook. Nutzer bei Facebook sehen die Anzeige, weil ihr Verhalten bei Facebook und die daraus abgeleiteten Interessen und Merkmale sie dazu qualifizieren. Nutzer bei Google sehen die Anzeige, weil sie sich in diesem Moment für bestimmte Themen, abgebildet durch Keywords, interessieren.

Daher lohnt es sich, einen Blick darauf zu werfen, wie die Google-Suche eigentlich funktioniert und wie sie genutzt wird.

Google ist weltweit die mit weitem Abstand am stärksten verbreitete Suchmaschine im Internet mit über 2 Billionen Suchanfragen pro Jahr und mit einem Marktanteil von etwa 93 % in Deutschland. Bei der mobilen Nutzung ist der Marktanteil sogar noch höher.

Im Hintergrund der Suchmaschine arbeiten komplizierte Algorithmen, die das Internet nach passenden Inhalten zu den Suchanfragen durchsuchen. Dafür werden Websites von sogenannten Crawlern auf bestimmte Merkmale durchleuchtet, nach denen dann die Relevanz einzelner Websites zu bestimmten Themen festgelegt wird. Bei der Suchmaschinenoptimierung (SEO) versucht man, mit möglichst suchmaschinenfreundlicher Gestaltung und Programmierung gute Suchpositionen zu sichern.

Dieses Grundprinzip von Suchmaschinen hat sich in den vergangenen 20 Jahren kaum verändert – im Gegensatz zu den Algorithmen selbst, was zu ständig wechselnden Anforderungen an die Suchmaschinenoptimierung führt. Noch vor einigen Jahren waren Keyword-Anhäufungen ein beliebtes Mittel, um eine gute Position in den Suchergebnissen zu sichern. Heute muss ein komplexes Zusammenspiel von technischen, strukturellen und inhaltlichen Faktoren beachtet werden.

Außerdem entwickelt Google ständig Veränderungen in der Darstellung der Suchergebnisse: Für den Nutzer werden immer mehr Informationen sichtbar, bevor er auf die

Suchergebnisse klickt, da Google die gesuchten Daten selbst für den Nutzer aufbereitet. Hierzu zählen Sportergebnisse, Flugverbindungen, das Wetter und einiges mehr. Außerdem werden bei lokalen Suchen in der Regel die Ergebnisse auf einer Karte dargestellt, die von der Google-Maps-Plattform bezogen wird.

Des Weiteren werden zusätzlich zu den Ergebnissen der sogenannten organischen Suche auch bezahlte Werbeanzeigen eingeblendet. Für diese Werbeeinblendungen werden ebenfalls ständig neue Darstellungsmöglichkeiten im Sinne der Nutzerfreundlichkeit, aber auch im Sinne der Werbetreibenden entwickelt. Ein Beispiel: Wenn der Nutzer ein Produkt sucht, dann werden oft neben den Suchergebnissen auch Shopping-Ergebnisse gezeigt, bei denen der Nutzer direkt Produkte und deren Preise sieht.

Google betreibt darüber hinaus die Videoplattform YouTube, die zu den meistgenutzten Google-Produkten zählt. Auf dieser Plattform befinden sich Millionen von Videos, die von Nutzern auf der ganzen Welt hochgeladen werden. Die Bandbreite der Themen reicht von Musikvideos und Unterhaltung über Amateur- und Tiervideos bis hin zu Videokursen und sogenannten Vlogs, also Video-Blogs, und Videoaufnahmen von aktuellen Ereignissen. Neuerdings sind auch ganze Serien und Filme im Angebot. Vor und während der Video-Clips kann Werbung geschaltet werden, und die Werbeerlöse teilt sich Google mit dem Nutzer, der das jeweilige Video hochgeladen hat.

Außerdem können auf YouTube einzelne Videos beworben werden, die dann bei den Suchergebnissen auf den vordersten Plätzen auftauchen und mit dem Hinweis „Anzeige" gekennzeichnet sind. Dabei wird ähnlich wie bei der Google-Suche mit Keywords gearbeitet.

Die Verbindung von Werbung mit von externen Nutzern bereitgestelltem Content nutzt Google auch für die Werbung im Display-Netzwerk. Sogenannte Publisher stellen Werbeflächen auf ihren Websites zur Verfügung, die dann ähnlich wie bei anderen Display-Netzwerken für die Google-AdSense-Werbeanzeigen genutzt werden. Als Werbetreibender kann man sowohl das thematische Umfeld für die Anzeige als auch geographische und demographische Faktoren einstellen, um gezielt bestimmte Zielgruppen anzusprechen.

Damit lassen sich im Google-Netzwerk spezifische mit unspezifischen Kampagnen verbinden. Dies hat verschiedene Vorteile – es gibt dabei aber auch einiges zu berücksichtigen.

Außerdem lassen sich Push- und Pull-Kampagnen miteinander verbinden, wobei es auch hier natürlich unterschiedliche Strategien gibt. Schauen wir uns also die verschiedenen Werbeformen bei Google einmal im Detail an. Google AdWords ist letztendlich das Bezahlprogramm, das die Aufschaltung von Anzeigen in den Google-Suchergebnissen möglich macht.

Google AdWords ist eine webbasierte Plattform, über die Werbekunden gezielt Online-Werbung in Form von Bannern, Textanzeigen oder Product-Listing-Ads im Werbenetzwerk von Google schalten können. Bereits im Jahr 2000 wurde Google AdWords als Betaversion veröffentlicht. Seit 2006 ist die Plattform ein zahlungspflichtiges Modell und stellt heutzutage das größte Online-Werbenetzwerk der Welt dar. Das Unternehmen Google generiert beinahe seinen gesamten Gewinn über Google AdWords.

Werbung in der Google-Suche

Bei Werbung in der Google-Suche geht es darum, einen Kunden, der etwas Spezifisches sucht, für das eigene Angebot zu gewinnen. Die Situation ist daher in etwa vergleichbar mit einem traditionellen Gemüsemarkt: Die Kunden sind dort, weil sie auf der Suche nach Gemüse sind. An welchem Stand sie dann kaufen, hängt zunächst einmal davon ab, wie die Lage des Standes auf dem Markt ist – und auch davon, ob der Kunde überzeugt ist, von diesem Stand das zu erhalten, was er gesucht hat.

Genau diese Prinzipien gelten auch für die Werbung in der Google-Suche:

- Auf dem Fischmarkt lässt sich Obst schlecht verkaufen, deshalb muss das Angebot dorthin, wo der Kunde auch sucht – und das wird mit der Keyword-Planung sichergestellt.

- Gute Platzierungen sind wichtig. Anzeigen auf der zweiten oder dritten Seite der Suchmaschine sind vergleichbar mit einem schlecht zu findenden Stand auf dem Markt.

- Wenn das Gemüse nicht frisch aussieht, gehen die Kunden an einen anderen Stand – und genauso klickt niemand auf eine Werbeanzeige, wenn sie ihm keinen Mehrwert zu bieten scheint.

Wenn man all diese Prinzipien beachtet, dann kann man mit Google-Suchwerbung durchaus erfolgreich sein. Denn schließlich ist die weltgrößte Suchmaschine vergleichbar mit einem riesigen, fast unendlich fein differenzierten Markt mit einem niemals versiegenden Kundenstrom.

Kampagnenplanung

Wenn eine AdWords-Kampagne im Rahmen eines Funnels geplant wird, dann ergeben sich aus dem Funnel und seiner Struktur auch die Anforderungen für die Kampagne. Man kann natürlich auch AdWords-Anzeigen unabhängig von einem Funnel schalten – wie wir aber gesehen haben, erzielt man mit einem leistungsstarken Funnel die besten Resultate.

Zunächst sollte also erst mal das Kampagnenziel klar sein. Auf was für eine Landingpage sollen die Nutzer gelenkt werden und mit welchem Zweck? Sollen kältere oder wärmere Zielgruppen angesprochen werden? All dies hängt davon ab, an welcher Stelle des Funnels die AdWords-Kampagne steht. Unter Umständen kann es auch Sinn machen, mehrere Kampagnen für unterschiedliche Zielgruppen zu erstellen. Denn wichtige Details der Auslieferung, nämlich Zielregionen, Zielsprachen und das verwendete Netzwerk, werden auf dieser Ebene festgelegt. Das bedeutet, dass auch diese Faktoren bei der Kampagnenplanung berücksichtigt werden müssen. Außerdem werden spezifische Kampagnen anders ausgesteuert als unspezifische Kampagnen – und zwar in allen folgenden Schritten. Deshalb sollte die Ausrichtung an diesem Punkt geklärt werden.

Darüber hinaus spielt das verfügbare Budget eine große Rolle. Wenn Sie mit einem monatlichen Budget von 3.000 € auf 1.000 Keywords bieten möchten, dann sind die Resultate vermutlich nicht optimal. Denn gut funktionierende Anzeigen können dann gar nicht ihr volles Potential ausschöpfen.

Keyword-Planung

Zeitgleich mit der Kampagnenplanung sollte auch die Keyword-Planung stattfinden. Hierfür kann man den kostenlosen AdWords-Keyword-Planer verwenden. Das Ziel der Keyword-Planung ist, die relevantesten von Nutzern eingegebenen Suchbegriffe zu identifizieren. Dabei spielt einerseits das Suchvolumen eine Rolle: Je mehr Menschen zu einem bestimmten Suchwort recherchieren, desto größer ist die mögliche Reichweite, wenn man auf dieses Keyword bietet.

Andererseits bringen Keywords mit hohem Suchvolumen auch Probleme mit sich: Die Konkurrenz ist meistens recht hoch, was zu hohen CPC (Cost-per-Click) führt. Außerdem sind diese Keywords oftmals sehr allgemein, und wenn man stattdessen konkretere Keywords wählt, kann man häufig den Streuverlust minimieren und unnötige Kosten sparen. Auf unser Beispiel mit dem Gemüsemarkt bezogen, bedeutet das: Vielleicht suchen weniger Kunden nach „Kartoffeln im Angebot", als allgemein nach „Gemüse" suchen. Jedoch ist bei dem Suchbegriff „Gemüse", übertragen auf die Nutzungsweise einer Suchmaschine, auch nicht klar, ob sich die Kunden bloß über Gemüse informieren oder auch etwas kaufen möchten.

Da wir über die Keywords festlegen, welche Kunden mit welchen Interessen auf unser Angebot aufmerksam gemacht werden, verdient dieser Teil der Planung besondere Aufmerksamkeit. Dabei liegt der ideale Weg häufig jenseits des völlig Offensichtlichen. Nehmen wir noch einmal unseren Schlüsseldienst: Natürlich kann der Betreiber auf das Keyword „Schlüsseldienst" bieten. Zusätzlich kann er aber auch auf weniger direkte Keywords bieten, wie z. B. auf „ausgesperrt", „Tür öffnen" oder „Schlüssel verloren". Damit erreicht er eine größere Reichweite, für die möglicherweise weniger Konkurrenz besteht.

AdWords stellt dabei mehrere Varianten der Keyword-Verwendung zur Auswahl:

1. Variante: **Broad Match:**	Bei dieser Variante wird auf eine Variation des Keywords ohne Zusatzzeichen geboten. Die Suchanzeige präsentiert dann so gut wie alle Suchanfragen, die zu dem Keyword passen, z. B.: adidas schuhe.
2. Variante: **Phrase Match:**	Hierbei werden ein oder mehrere Keywords mit Anführungszeichen verbunden. Das bedeutet, dass die Begriffe innerhalb der Klammern auch in der Suchanfrage des Nutzers in exakt der gleichen Reihenfolge erscheinen müssen. Es können allerdings auch Wörter davor und danach in der Suche enthalten sein, z. B.: „adidas schuhe".
3. Variante: **Modified Broad Match:**	Die Keywords werden mit einem „+"-Zeichen verbunden. Das bedeutet genau wie beim Phrase Match, dass die Begriffe in der Suchanfrage vorhanden sein müssen, allerdings ist hierbei die Reihenfolge nicht entscheidend, z. B.: +adidas+schuhe.
4. Variante: **Exact Match:**	Bei Variante 4 wird das Keyword mit eckigen Klammern versehen. Das hat zur Folge, dass die Suchanfrage genau mit der Suche übereinstimmen muss, wie der Nutzer sie auch bei Google eingegeben hat, z. B.: [adidas schuhe].

Gerade am Anfang ist es empfehlenswert, viel mit Broad Match und Modified Broad Match zu schalten, um das Keyword schnellstmöglich zu etablieren und auszubauen. Allerdings wird dabei auch versucht, die „Variation" soweit möglich einzugrenzen, indem man mit Negativ-Keyword-Listen arbeitet.

Wer gerade erst mit dem Thema AdWords beginnt, wird sich möglicherweise wundern, warum viele Unternehmen auf ihren eigenen Namen bieten – obwohl sie bei der organischen Suche sowieso auf Platz 1 sind. Das hat einen einfachen Grund: Hinter der Anzeige verbirgt sich häufig eine sorgfältig conversionoptimierte Landingpage, über die bspw. gezielt Leads gesammelt werden können. Außerdem kann auf diese Art und Weise die Sichtbarkeit erhöht werden. AdWords-Anzeigen werden in der Regel nur von unter 7 % der Suchenden geklickt. Die dabei entstehenden Kosten werden insofern „gerne" in Kauf genommen, wenn man bedenkt, dass man mit einem guten organischen Ranking in Kombination mit einer Anzeige mehr als die doppelte Sichtbarkeit generiert und die Konkurrenz so auf einem mobilen Endgerät unter Umständen erst durch Scrollen sichtbar wird.

Anzeigenplanung

Mit den Kampagnenzielen und der Liste relevanter Keywords kann man sich nun an die Anzeigenplanung machen. Dies funktioniert bei AdWords wie folgt:

- Auf der zweithöchsten Ebene unter der Kontoebene liegt die Kampagnenebene.

- Darunter liegt die Ebene der Anzeigengruppen, von denen bis zu 100 pro Kampagne möglich sind.

- Die Anzeigengruppen unterteilen sich in einzelne Anzeigen.

Kampagne

Anzeigengruppe A	Anzeigengruppe
• Keyword A	• Keyword B
• Keyword A.1	• Keyword B.1
• Keyword A.2	• Keyword B.2

Idealerweise plant man nur ein Keyword pro Anzeige (oder eine Keyword-Kombination, z. B. „Schlüsseldienst nachts"). So kann man die Performance einzelner Keywords gezielt überwachen und optimieren. Außerdem können so der Anzeigentext und ggf. die Landingpage sehr genau auf die Interessen des Suchenden abgestimmt werden.

Eine AdWords-Anzeige auf der rechten Seite besteht aus einer Überschrift mit bis zu 25 Zeichen, zwei Textzeilen mit jeweils bis zu 35 Zeichen und einer angezeigten URL mit ebenfalls bis zu 35 Zeichen. Bei Anzeigen, die über und unter den Suchergebnissen dargestellt werden, ist teilweise mehr Text möglich. Bilder sind in den Anzeigen grundsätzlich nicht enthalten.

Die Anzeige sollte sich möglichst konkret auf das Keyword beziehen und den Nutzer davon überzeugen, dass er das Gesuchte hier finden kann, denn nur dann wird er natürlich auch auf die Anzeige klicken. Dabei ist es nicht immer ganz einfach, spontan den perfekten Anzeigentext zu finden. Man kann allerdings jede Anzeige gleich zweimal mit unterschiedlichen Texten produzieren – so findet man schnell heraus, was funktioniert und was nicht. Schlecht funktionierende Anzeigen kann man auf diese Weise leicht identifizieren und ersetzen. Abhängig davon, wie viel Traffic über die Keywords zusammenkommt, laufen Anzeigentests meistens über mehrere Monate. Einen wichtigen Bestandteil stellt dabei auch die Keyword-Injection dar, die unerwartete Suchbegriffe, die über Broad Match generiert werden, automatisch mit in die Anzeige übernimmt.

Google AdWords bietet den Werbetreibenden je nach Gestaltung der Marketing-Maßnahmen verschiedene Anzeigenformate an. Diese können auch je nach Erfolg oder Produktauswahl variabel angepasst werden. Alle Anzeigen werden vor ihrer Freischaltung vom System überprüft.

Folgende Werbeformen sind innerhalb von Google AdWords umsetzbar:

- **Textbasierte Anzeigen:**
  Dies ist die klassischste Werbeform mit Google AdWords. Die Anzeige ist zweizeilig und besteht aus einem Titel, einem Anzeigentext und einem angezeigten Link. Für den Titel sind 30 Zeichen erlaubt, für den Anzeigentext 80 Zeichen, und für den Link stehen insgesamt 2 x 15 Zeichen je Verzeichnis zur Verfügung. Sonderzeichen dürfen bei dieser Form nicht verwendet werden und Ausrufe- und Fragezeichen nur einmal pro Anzeige. Die Textanzeigen erscheinen bei Google über, neben oder unter den organischen Suchtrefferergebnissen.

- **Werbebanner:**
  Die Bildanzeigen können im Google-Werbenetzwerk veröffentlicht werden und erscheinen dann auf Partner-Websites, die mit Google AdSense verbunden sind. Als Dateiformate eignen sich JPEG- oder auch PNG-Dateien.

- **Videoanzeigen:**
  Natürlich können Werbetreibende auch auf Plattformen wie YouTube mit eigenen Filmen oder Clips oder durch ihre Präsenz auf anderen Kanälen werben.

- **Product Listing Ads:**
  Diese Form der Werbeanzeige, stellt theoretisch eine klassische Bildanzeige für ein Produkt dar. Die Anzeige besteht standardmäßig aus folgenden Bestandteilen: Produktbild, Produkttitel und Preisangabe. Es ist auch möglich, einen kurzen Slogan, eine Beschreibung oder Produkthinweise zu ergänzen. Neuartig ist dabei vor allem,

dass die Anpassung dieser Angaben nicht über die Anzeige erfolgt, sondern in den Produktlisten vorgenommen werden muss, die der Werbetreibende im Google Merchant Center hinterlegt. Das AdWords-Konto dient an dieser Stelle lediglich dazu festzulegen, welche Produktgruppen oder Produkte angezeigt werden sollen.

- **Dynamic Search Ads:**
  Bei diesen Suchanzeigen wird nicht im Vorfeld festgelegt, welche Werbeanzeigen abgespielt werden, sondern das AdWords-System erstellt dynamische Anzeigen. Die Anzeigen basieren auf den Inhalten der Websites des Werbetreibenden.

- **Click-to-Call:**
  Diese Variante bietet Nutzern die Möglichkeit, mit nur einem einzigen Klick ein Gespräch mit dem werbenden Unternehmen aufzubauen. Bei Textanzeigen kann dann z. B. eine Telefonnummer ergänzt werden.

Strukturiert werden die gesamten Kampagnen nach folgenden Kriterien:

- Themen
- Brand- und Produktanzeigen
- Technische Kriterien (unterschiedliche Endgeräte)
- Unterschiedliche Gebotsstrategien

Auf Anzeigenebene unterteilt man dann vor allem nach einzelnen Keywords und Keyword-Kombinationen – und jeweils in A/B-Varianten zum Testen.

Damit sind die Anzeigen und ihre Struktur in den Anzeigengruppen und Kampagnen die Voraussetzung dafür, dass die gewählte Gebotsstrategie erfolgreich ist. Die Gebotsstrategie ist auch nur auf Kampagnenebene möglich.

Targeting-Methoden

Seit 2013 ist es möglich, über das AdWords-System ein differenziertes Targeting unabhängig von automatischen Keyword- und Anzeigeoptionen zu nutzen.

Folgende Möglichkeiten bieten sich innerhalb des Targetings:

Nach Region	Diese Option bietet die Möglichkeit, Anzeigen weltweit oder nur regional begrenzt auszuspielen.
Nach Tageszeit	Es ist möglich alle Anzeigen auf spezielle Tage oder explizite Tageszeiten zu beschränken oder auszuweiten.
Nach Sprache	Durch diese Auswahl lassen sich AdWords-Anzeigen auf die genutzte Browser-Sprache begrenzen.
Nach Altersgruppe	Die Anzeigen lassen sich auch gezielt auf bestimmte Altersgruppen beschränken.
Nach Endgerät	Es ist grundsätzlich möglich, Text- oder Display-Anzeigen gezielt auf Mobiles, Tablets und Desktops, also auf alle 3 Endgerätformate, auszurichten.
Nach Placement	Placements bieten die Möglichkeit, bestimmte Websites oder Apps aus dem Google-Werbenetzwerk gezielt für Display-Anzeigen auszuwählen
Nach Affinitätskategorie	Unter dieser Kategorie fasst Google alle möglichen Themengebiete zusammen, die dem Hauptthema zugeordnet werden können. Hier erfolgt die Auswahl der entsprechenden Placements automatisch.
Nach Interessengruppe	Display-Anzeigen können über die Nutzerinteressen ausgespielt werden. Google ermittelt auf dieser Grundlage automatisch passende Placements.

Das Thema Retargeting spielt innerhalb von Google AdWords eine besondere Rolle, denn hierfür kann sowohl eine Verknüpfung mit dem Google-Analytics-Konto als auch eine Anpassung an den Tracking-Code vorgenommen werden. Anschließend werden die festgelegten Ziele für das Retargeting im Analytics-Konto hinterlegt, auf die dann innerhalb des AdWords-Kontos für Retargeting-Kampagnen zugegriffen werden kann. Es ist aber ebenfalls möglich, alle Seitenbesucher, die über Analytics bisher festgestellt wurden, für das Retargeting zu nutzen, ohne dass vorher AdWords geschaltet wurde.

Gebotsstrategien

Neben den Keywords sind die Gebote die wichtigste zugrunde liegende Mechanik bei AdWords. Über sie wird definiert, wie vielen Nutzern welche Anzeige an welcher Position eingeblendet wird. Es stehen mehrere unterschiedliche Gebotsstrategien zur Auswahl, die jeweils Vor- und Nachteile mit sich bringen. Bevor wir uns die Gebotsstrategien anschauen, möchte ich aber noch ein paar Begriffe erklären, die für wichtige Kennzahlen bei AdWords verwendet werden:

- **CPC** (Cost-per-Click):
  Die Kosten, die pro Klick entstehen. Bei einer Gebotsstrategie wird von Google empfohlen, kein Maximum zu setzen, damit der Algorithmus auf einen „hochrelevanten" Kunden so viel bieten kann, wie nötig ist, da er mit sehr hoher Wahrscheinlichkeit konvertiert. Bei einem manuellen CPC legt man hingegen ein Maximum fest, bis zu dem man selbst bereit ist, mitzubieten.

- **CTR** (Click-Through-Rate):
  Die Klickrate bezeichnet die Anzahl der Klicks im Verhältnis zu den Impressionen, also den gesehenen Anzeigeneinblendungen. Ein Klick bei 100 Impressionen entspricht einer CTR von 1 %. Je höher die Klickrate ist, desto besser funktioniert die Anzeige – außerdem nutzt Google die CTR zur Qualitätsbewertung.

- **ROAS** (Return on Advertising Spend):
  Im Gegensatz zu den CPA, die nur die Kosten der Akquise beinhalten, berücksichtigt der ROAS-Wert auch die durch einen Kauf generierten Einnahmen. So kann man auf einen Blick sehen, ob sich die Werbeausgaben rentieren. Um den ROAS zu berechnen, werden die Einnahmen durch die Ausgaben geteilt. Das unterscheidet den ROAS vom ROI, bei dem auch die Marge berücksichtigt wird. Nicht jeder ROAS > 1 entspricht daher einem positiven ROI – das sollte man bei Strategien rund um den ROAS-Wert beachten.

- **Qualitätsfaktor:**
  Der Qualitätsfaktor spielt eine Rolle bei der Ausspielung von Anzeigen. Google strebt an, Top-Positionen immer an die hochwertigsten, relevantesten Inhalte zu vergeben. Selbst bei hohen Geboten wird man mit einem niedrigen Qualitätsfaktor keine Top-Position erreichen. Der Qualitätsfaktor ist eine Schätzung zur Qualität

Ihrer Anzeigen, Zielseiten und Keywords. Qualitativ hochwertige Anzeigen sind meist mit geringeren Kosten und einer höheren Anzeigenposition verbunden. Durch den Qualitätsfaktor wird erreicht, dass sich das Google-AdWords-System zu keiner reinen Auktion um die Anzeigenplätze entwickelt. Er ist Googles Lösung, zwischen relevanten und irrelevanten Anzeigen in Bezug auf die jeweilige Suchanfrage zu unterscheiden. Der Qualitätsfaktor setzt sich aus der CTR, der Anzeigenrelevanz und der Qualität der Zielseite zusammen.

- **Die bisherige Klickrate (CTR) des Keywords:**
  Wie oft haben Personen, die die Anzeige gesehen haben, darauf geklickt.

- **Anzeigenrelevanz:**
  Wie relevant ist das Keyword für die Anzeige.

- **Qualität der Zielseite:**
  Wie relevant, transparent und navigationsfreundlich ist die Seite, auf die die Anzeige führt.

- **Die bisherige Klickrate der angezeigten URL:**
  Wie oft wurden Klicks über die angezeigte URL erhalten.

- **Anzeigeleistung auf einer Website:**
  Wie gut ist die Leistung der Anzeige auf einer bestimmten oder ähnlichen Websites (bei Ausrichtung auf das Display-Netzwerk).

Anzeigerang: CPC x QF

	max. CPC	QF	Anzeigerang
Wettbewerber A	2,00	1/10	0,2
Wettbewerber B	1,00	5/10	0,5
Wettbewerber C	0,70	10/10	0,7

Kommen wir nun zu den bei AdWords verfügbaren Gebotsstrategien:

a) Ausrichtung auf Suchseitenposition

Bei dieser Strategie wird das Gebot jeweils so ausgesteuert, dass eine bestimmte Position erreicht wird. Das kann je nach getroffenen Einstellungen eine Top-Position oder eine Position auf der ersten Seite sein. Das bedeutet natürlich nicht, dass diese Position immer erreicht wird: Liegt das nötige Gebot über dem maximal gewünschten CPC oder ist der Qualitätsfaktor zu niedrig, dann rutscht die Anzeige weiter nach hinten. Eine Möglichkeit, bestimmte Keywords auf die gewünschte Position zu bieten, ist eine Erhöhung des CPC für die erste Seite.

b) Klicks maximieren

Wenn man die Gebote auf Klicks ausrichtet, dann versucht der Algorithmus, eine möglichst hohe Klickzahl mit dem verfügbaren Budget zu erreichen. Dafür justiert AdWords automatisch die Gebote der einzelnen Anzeigen je nach erzielten Klickraten. Auch hier kann es Sinn machen, einen maximalen CPC zu definieren, um unerwünschte Effekte zu dämpfen.

c) Autooptimierter CPC

Für diese Gebotsstrategie werden verschiedene vom System über den jeweils suchenden Nutzer gewonnene Daten dafür verwendet, die Conversion-Wahrscheinlichkeit zu errechnen. Nach dem Ergebnis dieser Berechnung wird dann das Gebot erhöht oder gesenkt, um einen möglichst optimalen CPC-Wert zu erreichen. Dafür ist eine Lernphase nötig (je nach Traffic-Volumen länger oder kürzer), und man sollte im Nachgang keine drastischen Veränderungen vornehmen, da sonst jedes Mal neu gelernt werden muss. Um diese Strategien überhaupt zu verwenden, werden viel Traffic und vor allem auch Conversions benötigt. Das trifft allerdings nur auf Ziel-CPA und Ziel-ROAS zu, ein autooptimierter CPC bedeutet, dass Google minimale Anpassungen nach oben oder unten vornimmt.

d) Ziel-CPA

Auch bei dieser Strategie werden Nutzerdaten und Maschinenlernen eingesetzt, um ein möglichst optimales Ergebnis zu erzielen. Dabei wird aber nicht auf den CPC- sondern auf den CPA-Wert optimiert. In der Praxis bedeutet dies, dass der Algorithmus versucht, mit einem festgelegten Ziel-CPA-Wert viele Conversions zu erreichen. Mit ausreichend lange gesammelten Daten ist es darüber auch möglich, relativ genau einen realistischen Ziel-CPA-Wert vorherzusagen.

e) Ziel-ROAS

Bei dieser Strategie, die ähnlich zur Ziel-CPA-Strategie funktioniert, wird ein Ziel-ROAS definiert. Das bedeutet, dass zusätzlich der Wert einer Conversion, also der jeweils generierte Umsatz, mit in die Berechnung einfließt.

f) Kompetitive Auktionsposition

Diese Strategie ist ebenfalls sehr interessant, aber nur in bestimmten Situationen ratsam. Dabei wird das Gebot immer so gewählt, dass eine Anzeigenposition oberhalb der eines ausgewählten Mitbewerbers erzielt wird. So eine Strategie kann sinnvoll sein, um bei Suchen nach der eigenen Brand über seinen Mitbewerbern aufzutauchen. Bei anderen Einsatzbereichen kann man so auch eine eskalierende Gebotsspirale provozieren, die das Budget stark belasten kann, ohne mehr Gewinn einzubringen.

Natürlich können die einzelnen Gebotsstrategien auch manuell ergänzt werden. Diese können aber nur auf Kampagnenebene definiert werden. Für die meisten Anwendungsfälle steht jedoch mit der großen Auswahl an möglichen Strategien in der Regel eine passende automatisierte Lösung bereit.

Außerdem besteht noch die Möglichkeit, die Auslieferungsgeschwindigkeit zu bestimmen. In der Standardeinstellung werden die Anzeigen gleichmäßig über den Tag und die Woche verteilt geschaltet. Wählt man beschleunigte Auslieferung, dann werden die Anzeigen so schnell wie möglich ausgespielt. Das kann für einige Szenarien sinnvoll sein, z. B. Beispiel zur Steigerung der Markenbekanntheit. In den meisten Fällen besteht dann aber die Gefahr, dass das Tagesbudget schon am Nachmittag aufgebraucht ist. Es Ist ebenso möglich, ein Enddatum zu bestimmen, an dem die Anzeige automatisch abgeschaltet wird. Wird kein Enddatum bestimmt, läuft die Anzeige automatisch weiter.

Landingpage und Tracking

Ohne eine Landingpage sind wir wie ein Stand auf dem Gemüsemarkt, an dem es gar kein Gemüse gibt. All die potentiellen Kunden sind dann wertlos. Aber nicht nur deshalb verdient die Landingpage besondere Aufmerksamkeit, denn die Landingpage:

- dient Google zur Bestimmung des Qualitätsfaktors;
- bietet dem Nutzer die gesuchten Informationen und Angebote;
- bietet uns die Möglichkeit, den Nutzer zum Kunden zu machen.

Die wesentlichen Merkmale einer Landingpage als Element eines Funnels haben wir bereits besprochen. An dieser Stelle möchte ich aber noch auf die speziellen Anforderungen eingehen, die AdWords an eine Landingpage mit hohem Qualitätsfaktor stellt.

So muss die Landingpage gestaltet sein:

- aktiv, funktionsfähig und erreichbar,
- nutzerfreundlich und mit schnellen Ladezeiten (vor allem mobil),
- klar auf Keyword und Anzeige bezogen und
- informativ im Hinblick auf Produkt, Unternehmen etc.

Wer die Landingpage im Zusammenhang mit einem leistungsstarken Funnel plant, der wird hier zustimmend nicken: Man möchte ja dem Nutzer eine kohärente Customer Journey durch den Funnel bieten, die ihm wenige Anreize gibt, vorzeitig abzubrechen. Dann ist auch klar, dass man hinter einer Anzeige auf das Keyword „Schlüsseldienst" keine Landingpage eines Blumengeschäftes platziert.

Bei der häufig recht großen Zahl von verschiedenen Anzeigen und Anzeigengruppen kann es aber durchaus zur Herausforderung werden, immer eine optimal passende Landingpage einzubinden. In der Regel müssen also mehrere Landingpages – mindestens eine pro Thema, idealerweise sogar eine pro Keyword – erstellt werden.

An dieser Stelle möchte ich noch kurz die möglichen Anzeigenerweiterungen ansprechen, mit denen dem suchenden Nutzer ein Mehrwert geboten werden soll. Zusätzlich erhöhen sich damit die Wahrscheinlichkeiten für einen Klick und die Möglichkeiten, gezielt bestimmte Inhalte und Informationen herauszustellen. Mit Sitelinks-Erweiterungen kann man dem Nutzer mehrere Eintrittswege anbieten und den Traffic erhöhen – für mehr Traffic können auch Rezensionserweiterungen nützlich sein. Für lokale Dienstleister sind Anruferweiterungen sinnvoll, während für den Online-Handel Snippet- und Preiserweiterungen hilfreich sein können. Das Wichtigste dabei ist jedoch, so viele Anzeigenerweiterungen wie möglich zu hinterlegen, denn je mehr gleichzeitig geschaltet werden, desto mehr Sichtbarkeit nimmt man mit der Anzeige innerhalb der SERP (Suchergebnisseite) ein und schiebt unter Umständen Konkurrenten z. B. auf einem mobilen Endgerät komplett aus dem Bild.

Werbung im Display-Netzwerk

Mit der Werbung im Display-Netzwerk unternimmt man Push-Marketing – im Gegensatz zum Pull-Marketing im Search-Netzwerk. Das müssen Sie beachten, wenn Sie die Zielgruppe definieren und ansprechen. Dies ist auch einer der Gründe, warum Sie die standardmäßige Einstellung „Search & Display" bei AdWords deaktivieren sollten. Um Ihr sauberes Reporting nicht zu gefährden, sollten Sie lieber getrennte Kampagnen erstellen: entweder nur Search- oder nur Display-Kampagnen.

In der Praxis bedeutet das: Die Zielgruppe sucht gerade nicht unbedingt gezielt nach dem Produkt – vielleicht hat der Nutzer im Moment nicht einmal vor, etwas zu kaufen. Er muss also überzeugt werden. Dafür stehen im Display-Netzwerk von Google AdSense deutlich mehr Gestaltungsmöglichkeiten zur Verfügung. Es gibt zwar auch die klassische Textanzeige, die im Format einer Anzeige bei der Google-Suche ähnelt. Darüber hinaus sind aber auch verschiedene Bannerformate und HTML5-Anzeigen möglich.

Wenn Sie eine Kampagne erstellen, dann sollten Sie unbedingt Anzeigen für alle möglichen Formate anfertigen. Das hat den ganz einfachen Grund, dass nicht auf jeder Website jedes Format verfügbar ist. Wenn Sie also nur ein oder wenige Formate verwenden, dann limitieren Sie die Ausspielungsmöglichkeiten für Ihre Anzeige und damit Ihre mögliche Reichweite. Es gibt aber noch mehr zu beachten. Beginnen wir also am besten ganz vorne mit der Targetierung.

Targetierung

Für die Targetierung bietet die Google-Display-Werbung mehrere Möglichkeiten:

- Keywords: Dabei werden wie bei der AdWords-Suchwerbung Keywords definiert. Interne Algorithmen suchen dann zu diesen Keywords passende Websites als Umfeld für die Anzeige.

- Interessen: Hierfür werden Interessen der Zielgruppe definiert. Die Anzeige wird dann auf Websites ausgespielt, auf denen sich Personen mit diesen Interessen aufhalten. Das müssen nicht immer thematisch eng verwandte Websites sein.

- Themen: Bei dieser Option benennt man gewünschte Themen. Die Anzeige oder das Banner wird dann auf dazu passenden Websites ausgespielt.

- Placements: Man kann auch konkrete Websites benennen, auf denen die Werbung – wenn technisch möglich – ausgeliefert werden soll. Dafür dient diese Variante.

- Demographie: Hier können Alter, Geschlecht, Region etc. festgelegt werden. Diese Option lässt sich ist oft auch sinnvoll mit den anderen Targetierungsmöglichkeiten kombinieren.

Kombinationen aus diesen Targetierungen sind möglich, aber nur dann sinnvoll, wenn die Zielgruppe bewusst verkleinert werden soll. Ansonsten sollten lieber Einzelkampagnen aufgesetzt werden, damit die Reichweite nicht versehentlich drastisch eingeschränkt wird.

Aus der Targetierung ergibt sich dann auch die Gestaltung der Anzeige. Während man beim Remarketing in der Regel recht konkret auf ein Produkt oder Angebot eingehen kann, macht es bei der Targetierung über Website-Themen oft Sinn, sich an diesen Themen zu orientieren.

Das bedeutet: Wenn man ein Abnehmprodukt auf Websites zum Thema Gesundheit und gesunde Ernährung bewirbt – oder auf Websites zu bestimmten Frauenthemen mit einer demographischen Einschränkung auf die Altersgruppe 30 bis 50 Jahre –, dann sollte man das Umfeld und die Zielgruppe bei der Anzeigengestaltung berücksichtigen. Das betrifft sowohl die Auswahl des verwendeten Bildes als auch die Überschrift und die Ansprache.

Anzeigengestaltung

Wie bereits erwähnt, ist es sinnvoll, alle verfügbaren Anzeigenformate zu nutzen. Das bedeutet natürlich auch, dass man eine Anzeigengraphik benötigt. Wenn man selbst keine Fähigkeiten in dieser Hinsicht hat, ist es möglich, Templates zu verwenden oder über eine Online-Plattform Freelancer zu beauftragen. Diese liefern in der Regel relativ schnell und günstig gute Resultate.

Wichtig bei der graphischen Gestaltung ist, dass man den Nutzer in den ersten fünf Sekunden auf der Website einfangen muss. Anzeigen mit schlecht lesbaren Farbkontrasten, kleiner Schrift und fehlendem oder schlecht erkennbarem Call-to-Action führen zu deutlich weniger Klicks als klare, gut lesbare Banner mit deutlicher Ansprache. Call-to-Actions lassen sich auch über Google selbst definieren und einbinden, wenn man Responsive-Anzeigen wählt. Banner brauchen zudem dringend ein Wiedererkennungsmerkmal der Zielseite, der Marke oder des Produkts. Außerdem sollte man dabei natürlich das Umfeld der Websites beachten, auf denen geworben wird: Nicht immer sind grellbunte Farben die richtige Wahl, während in manchen Umgebungen wiederum gedeckte Farben und dezente Gestaltung keinen Erfolg bringen.

Gebotsstrategie

Auch bei der Display-Werbung stehen Ihnen die verschiedenen Gebotsstrategien von AdWords zur Verfügung. Da Sie die potentiellen Kunden aber in einer anderen Situation vorfinden, ist möglicherweise eine andere Taktik vonnöten als bei der Search-Werbung. Wenn Sie z.B. eine Brand-Kampagne durchführen, dann wollen Sie möglichst viele Impressionen auf Websites, die Nutzer mit bestimmten Interessen besuchen. Klicks sind dann weniger wichtig als die gesamte Reichweite. Bei AdWords zielt man hingegen oft auf einen direkten Abschluss ab, da der Nutzer ja bereits konkret sucht.

Grundsätzlich empfiehlt es sich, im Display-Netzwerk mit niedrigen CPC-Geboten einzusteigen. Wenn man dann gut funktionierende Anzeigen und Targetierungen gefunden hat, kann man eventuell den maximalen CPC erhöhen.

Bei der dritten hier besprochenen Google-Werbeform verbinden sich Push- und Pull-Elemente in verschiedenen verfügbaren Werbeformen, und zwar bei der Werbung auf der Videoplattform YouTube.

Praxisbeispiele

Zur Einrichtung einer AdWords-Kampagne bleiben wir bei dem Beispiel eines Rechtsanwalts aus München, der Leads für eine Rechtsberatung sammeln möchte.

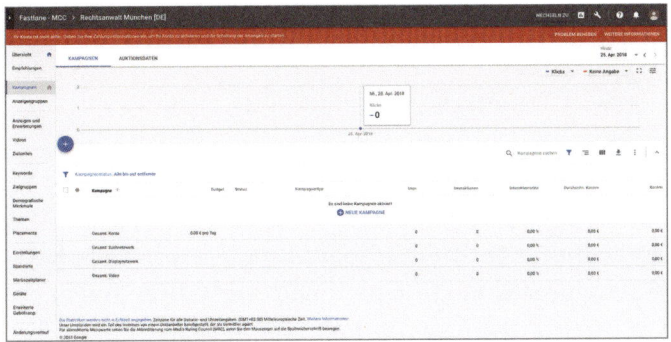

Wir befinden uns hier schon in dem Konto auf dem Reiter „Kampagnen" und können über das blaue Plus ganz einfach eine erste Kampagne hinzufügen.

Dabei müssen wir uns darüber im Klaren sein, was für eine Art Kampagne wir schalten wollen und zu welchem Zweck. Wir haben hier die Wahl zwischen Suchnetzwerk, Display-Netzwerk, Shopping, Video sowie universellen App-Kampagnen. Um auf Keywords wie „Rechtsberatung München" Anzeigen zu schalten, erstellen wir eine Kampagne im Suchnetzwerk.

Als Nächstes müssen wir unser Ziel festlegen. Das können einmal Umsätze sein, das heißt, wir wollen etwas verkaufen, wir können Leads generieren, indem wir die Nutzer auf eine Landingpage leiten, auf der sie dann im Optimalfall ihre Daten hinterlegen, oder wir wollen einfach nur Zugriffe auf die Homepage steigern, um den Bekanntheitsgrad zu erhöhen.

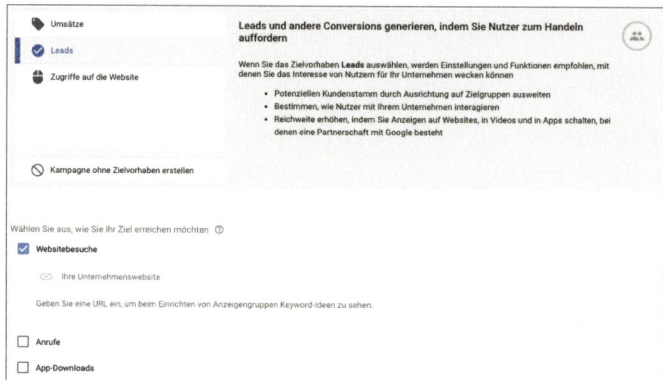

Wir wählen in dem Beispiel des Rechtsanwalts „Leads" aus, setzen den Haken bei „Websitebesuche" und hinterlegen unsere Unternehmens-Website (nicht die Landingpage). Durch Klicken auf „Weiter" können wir nun die Kampagne benennen. Es ist sinnvoll, eine Bezeichnung zu wählen, die Merkmale der Kampagne wiedergibt und für das weitere Erstellen von Kampagnen ein einfaches Filtern ermöglicht, um schnell Leistungsdaten zu bestimmten Kampagnentypen abrufen zu können. Wir nennen die Kampagne in dem Beispiel „[DE_Search] Rechtsberatung".

Diese Kampagne wird in Deutschland geschaltet, daher die Kennzeichnung DE, die Anzeigen erscheinen im Suchnetzwerk, wofür der Term Search steht, und wir wollen Leads für die Rechtsberatung generieren.

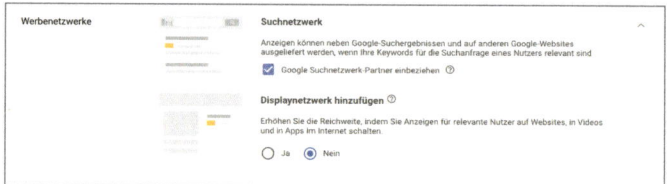

Google-Suchnetzwerk-Partner können immer miteinbezogen werden (T-Online, web.de). Das Display-Netzwerk sollte hingegen nicht mit ausgewählt werden. Dafür empfiehlt es sich in den meisten Fällen, eine extra Kampagne einzuschalten, da wir sonst

Push- und Pull-Marketing mischen und die Preise für Leads der jeweiligen Typen weit auseinandergehen.

Als Nächstes können wir unterschiedliche Länder und Regionen festlegen, in denen unsere Anzeigen ausgespielt oder ausgeschlossen werden sollen. Um die Ausgaben für den Rechtsanwalt auf seinen effektivsten Wirkungsbereich einzugrenzen, legen wir die Stadt München fest.

Als Sprache hinterlegen wir Deutsch, da auch unsere Anzeigentexte ausschließlich auf Deutsch erstellt werden. Bedenken Sie dabei, dass damit immer die Sprache gemeint ist, die der Nutzer im Browser eingestellt hat (die Muttersprache kann eine andere sein).

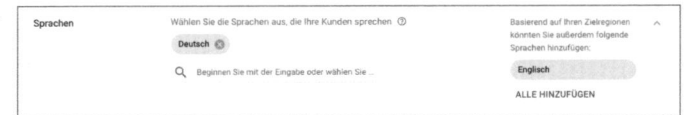

Nun müssen wir noch ein Tagesbudget festlegen, das am Ende nicht unser Monatsbudget überschreitet. Der Rechtsanwalt aus München ist bereit, monatlich 610 € in das Bewerben der Rechtsberatung für den Raum München zu investieren. Der Monat hat im Schnitt 30,4 Tage, weshalb wir ein Tagesbudget von circa 20 € definieren.

Wichtig: Google behält es sich vor, an bestimmten Tagen, an denen die Nachfrage das Tagesbudget überschreiten würde, selbstständig bis zum Doppelten des regulär geplanten Tagesbudgets auszugeben.

An Tagen, an die Nachfrage dann geringer ausfällt, gleicht Google die Differenz wieder aus. Sollte wider Erwarten am Ende der Woche das Budget von 7 x 20 € = 140 € überschritten werden, erstattet Google die zusätzlichen Kosten anstandslos und ohne Aufforderung zurück.

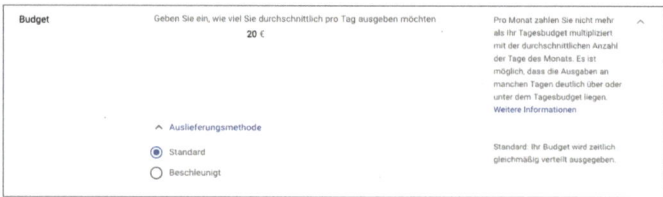

Die Auslieferungsmethode sollte zum Start einer Kampagne auf Standard belassen werden. So spielt Google unsere Anzeigen, basierend auf unserem Tagesbudget, für die relevantesten Suchanfragen aus. Ist es hingegen das Ziel, möglichst schnell die eigene Bekanntheit zu steigern, kann es sinnvoll sein, die beschleunigte Auslieferungsmethode zu verwenden.

Die Gebotsstrategie sollte zunächst auf manuellen CPC gestellt werden. Automatisierte Einstellungen sind noch unzweckmäßig, da Google ja bisher noch keine Daten sammeln konnte. Hinter den Gebotsstrategien wie Ziel-CPA oder Ziel-ROAS verbirgt sich ein komplexer Algorithmus, der erst ab einer gewissen Datenmenge zielführend arbeiten kann.

Startdatum und Enddatum legt man in der Regel nur fest, wenn man ein saisonales Ereignis bewerben möchte, wie z. B. Weihnachten, Ostern oder regionale Feiertage. Zielgruppen werden nur für das Retargeting hinterlegt und bestehen meist aus Listen, die man aus Analytics importiert hat (z. B. alle Besucher der Website). Es lohnt sich, so viele Erweiterungen wie möglich zu hinterlegen. Wird dann die eigene Anzeige ausgespielt, werden die Erweiterungen (die Google frei auswählt) zugeschaltet, und man nimmt effektiv mehr Platz in den Suchmaschinenergebnissen ein, was die Click-Through-Rate in den häufigsten Fällen deutlich verbessert. Ein weiterer positiver Aspekt ist, dass Sie die Konkurrenz aus dem sichtbaren Bereich oder anders gesagt aus dem Bereich Above the Fold drängen.

Start- und Enddatum	Startdatum: 25. April 2018 Enddatum: Nicht festgelegt	⌄
Zielgruppen	Zielgruppen auswählen, die dieser Kampagne hinzugefügt werden sollen	⌄
Sitelink-Erweiterungen	Der Anzeige weitere Links hinzufügen	⌄
Erweiterungen mit Zusatzinformationen	Der Anzeige weitere Angaben zum Unternehmen hinzufügen	⌄
Anruferweiterungen	Der Anzeige eine Telefonnummer hinzufügen	⌄

Bevor wir uns nun der Erstellung der Anzeigengruppe widmen, soll hier noch einmal die Nutzung des Keyword Planners, der in AdWords integriert ist, demonstriert werden. Da wir die Rechtsberatung eines Rechtsanwalts in München bewerben wollen, lautet unser erstes mögliches Keyword „Rechtsberatung München".

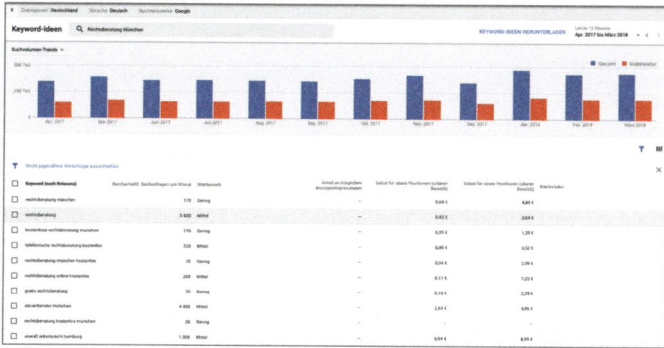

Der Keyword Planer macht uns relevante Keyword-Vorschläge und zeigt gleichzeitig deren Suchvolumen und geschätzten CPC an. Dieser ist wirklich nur als Orientierungs-wert zu betrachten, da Google bisher noch keinerlei Informationen über die Qualität der geschalteten Anzeigen, der Landingpage oder der voraussichtlichen CTR hat. Mit ande-ren Worten, der CPC wird stark von Ihrem erzielten Qualitätsfaktor abhängen. Des Wei-teren kann man Google Suggest verwenden, um zusätzliche Keyword-Ideen zu sammeln.

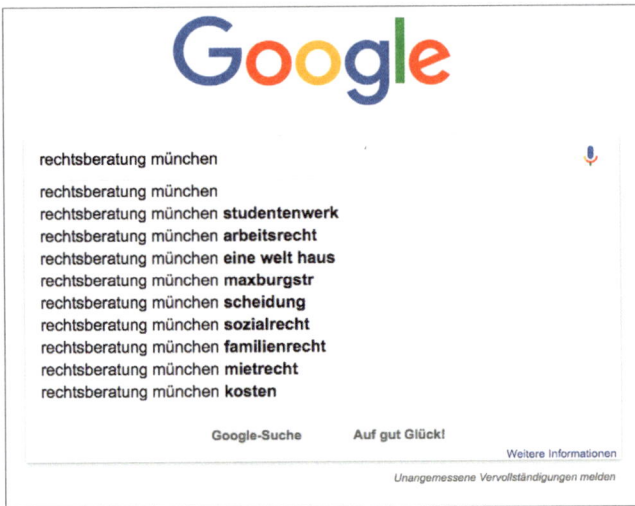

Ein weiterer Trick wäre, den ersten Keyword-Term erst an zweiter Stelle in die Suchnetz-maske einzutragen, damit Google auch Keywords als Zwischen-Terms vorschlägt.

Das Keyword-Set kann man zusätzlich durch externe Tools wie Semrush, Alexa, Search-metrics Suite, semaGER oder Sistrix ausbauen. Ich empfehle, wenigstens ein weiteres externes Tool zur Keyword-Recherche zu verwenden.

Haben wir ein vorläufiges Keyword-Set fertig, können wir unsere erste Anzeigengruppe erstellen. Diese nennen wir „Rechtsberatung_all". Als Nächstes legen wir ein Standardgebot für die gesamte Anzeigengruppe von 0,50 € fest.

Schließlich müssen wir noch unsere Keywords mit den unterschiedlichen Optionen hinzufügen, wobei [Keyword] für exakt, „Keyword" für weitgehend passend, Keyword für die Wortgruppe steht und +Keyword für weitgehend passend modifiziert. Groß- und Kleinschreibung spielt in diesem Fall übrigens keine Rolle.

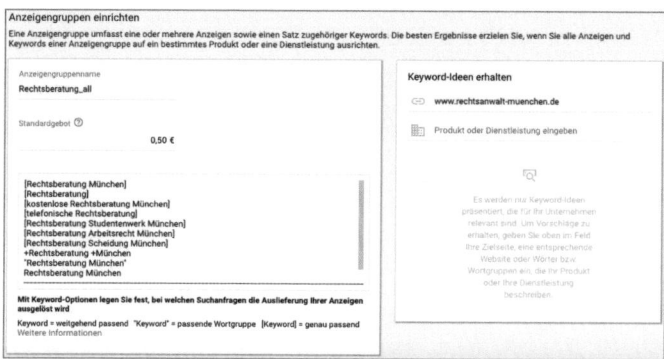

Nachdem die Kampagne live geht, wird Google uns bei Keywords, für die ein höheres Gebot notwendig ist, darüber informieren in Form eines Gebotsvorschlags, wie viel mindestens für eine Ausspielung nötig ist. Die Anzeigengruppen sollten nicht mehr als 5 bis 20 Keywords enthalten, denn sonst können keine passenden Anzeigentexte mehr ausgespielt werden und der Qualitätsfaktor wird schlechter.

Ein weiterer sehr nützlicher Tipp lautet, regelmäßig die Suchbegriffe zu überprüfen, die durch Broad Match, Modified Broad Match oder Phrase Match generiert werden. Diese können dann entweder ausgeschlossen werden, sollten sie irrelevant sein, oder sie können hinzugefügt werden, sollten sie eine besonders gute Leistung erzielen.

Zu guter Letzt müssen wir Anzeigentexte erstellen, die zu unseren Keywords passen.

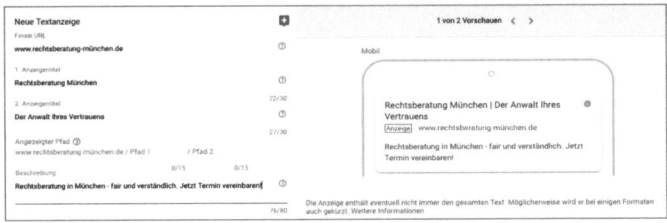

Rechts befindet sich ein kleines Snippet, an dem wir genau erkennen können, wie unsere Anzeigen aussehen werden. Zunächst müssen wir also festlegen, wo unsere Kunden tatsächlich landen werden: www.rechtsberatung-muenchen.de. Die Anzeigentitel werden als Nächstes definiert und sollten wenn möglich die Keywords enthalten. Der 1. Anzeigentitel lautet „Rechtsberatung München", und für den 2. Anzeigentitel legen wir „Der Anwalt Ihres Vertrauens" fest. Als Letztes müssen wir noch die Beschreibung definieren, und auch hier sollten wir wieder nach Möglichkeit die Keywords verwenden, um die größtmögliche Anzeigenrelevanz zu erzeugen.

Um die CTR zu verbessern, lohnt es sich auch immer, einen Call-to-Action zu integrieren. Unsere Beschreibung lautet also „Rechtsberatung in München – fair und verständlich. Jetzt Termin vereinbaren!". Zusätzlich könnte man noch den angezeigten Pfad ergänzen, was in diesem konkreten Beispiel allerdings überflüssig ist. Mit Sonderzeichen sollte man in jedem Teil der Anzeige sparsam umgehen, da Google die Anzeigen sonst ablehnt. Geschieht das zu häufig, kann im schlimmsten Fall sogar das ganze Konto gesperrt werden.

Damit ist unsere erste Anzeige fertig, und die Kampagne kann theoretisch live geschaltet werden. In der Praxis empfehle ich allerdings (und auch Google selbst), mindestens drei Anzeigentexte pro Anzeigengruppe zu hinterlegen. Google hat so die Möglichkeit, unterschiedliche Anzeigentexte auszuspielen, und nach einer kurzen Testphase wird die leistungsstärkste Anzeige bevorzugt ausgespielt.

Im letzten Schritt erhalten wir noch mal einen Gesamtüberblick.

Lässt sich kein Fehler feststellen, können wir die Kampagne mit sofortiger Wirkung live nehmen.

An dieser Stelle möchte ich noch mal darauf aufmerksam machen, dass in den folgenden Stunden, nachdem die Kampagne ihren Livegang hatte, immer wieder die Ausgaben im Konto überwacht werden sollten. Manchmal können Keywords aus den unterschiedlichsten Gründen ein Klickvolumen mit sich bringen, das man so nicht erwartet hatte. Der Verlust wäre zwar im Zweifelsfall tragbar, da wir ja ein Tagesbudget hinterlegt haben, doch ich gebe ungern unnötig Geld aus – Sie vermutlich auch nicht, oder?

Nach einiger Zeit wird unsere Kampagne genügend Daten gesammelt haben, um vom manuellen CPC auf eine Gebotsstrategie zu wechseln und davon zu profitieren. Außerdem werden sich neue Keywords in der Anzeigengruppe ansammeln, was es notwendig macht, weitere Anzeigengruppen zu erstellen. Hier zum Abschluss noch ein Beispiel, wie so eine Anzeigengruppe aussehen könnte und wie der Anzeigentext angepasst werden muss.

In der Anzeige können wir diesmal auch den angezeigten Pfad mitverwenden.

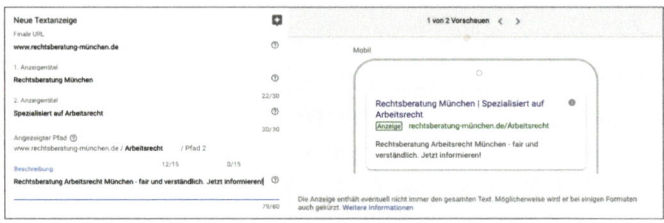

Exkurs: Conversion-Tracking

Wenn wir eine Kampagne starten, wollen wir natürlich auch wissen, ob diese gut performt. Um bei unserem Beispiel zu bleiben: Wir wollen feststellen, wie viele Leads wir für die Rechtsberatung über die Zeit generieren. Deshalb nutzen wir nun das sogenannte Conversion-Tracking. Wir erstellen als Erstes einen Conversion Tag. Wir gehen auf „Tools", „Abrechnung und Einstellungen" und finden dann unter dem Reiter „Messung" die Schaltfläche „Conversions".

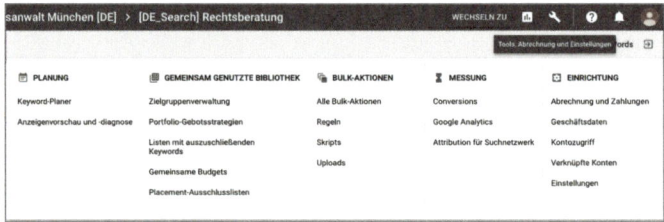

Hier müssen wir über das blaue Plus eine Conversion hinzufügen.

Als Conversion-Arten lassen sich „Website" (Verkäufe oder Aktionen auf der Website), „App" (Installationen und In-App-Aktionen), „Anrufe" (über Anzeigen oder über die Website getätigte Anrufe) oder „Import" (Conversion aus einem anderen System) auswählen. Für den Rechtsanwalt wollen wir die eingehenden Leads messen, die auf der Website stattfinden, weshalb wir „Website" auswählen.

Nun können wir den Namen für unsere Conversion hinterlegen. Da man im Laufe der Zeit mehrere Conversions hinterlegen wird, sollte man auch hier wieder direkt einen zielführenden Namen nehmen. Wir nennen unsere Conversion „Lead für Rechtsberatung".

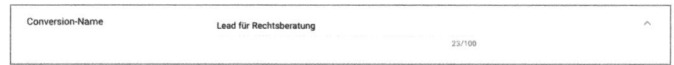

Wir können aus den Kategorien „Kauf/Verkauf", „Anmeldung", „Anfrage" und „Aufruf einer wichtigen Seite" wählen. Die Wahl hat keinen großen EInfluß auf die Conversion an sich, weshalb wir einfach die Kategorie „Anfrage" wählen.

Im nächsten Schritt können wir der Conversion einen Wert zuweisen. So lässt sich z. B. in einem E-Commerce-Shop dem verkauften Produkt mit jeder Conversion ein ganz individueller Geldwert zuweisen. Unser Lead ist aber nur ein Kontakt, der eventuell später Umsatz für die Kanzlei erwirtschaftet, weshalb wir hier jede Conversion mit dem Wert 1 zählen. Wäre ein bestimmter Lead doppelt so wichtig wie ein anderer, könnte man dieser Conversion bspw. den Wert 2 zuweisen.

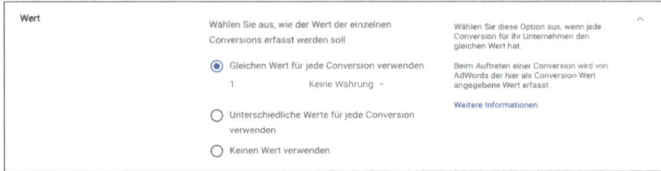

Wir möchten außerdem, dass jeder Website-Besucher nur maximal einen Lead generieren kann. Warum ist das wichtig? Ganz einfach für den Fall, dass er das Formular versehentlich mehrfach abschickt.

Der Conversion-Tracking-Zeitraum ist standardmäßig auf 30 Tage voreingestellt. Je nach Branche und Produkt oder Dienstleistung kann die Handlungsentscheidung aber auch längere Zeit in Anspruch nehmen, weshalb wir diesen Zeitraum dann anpassen müssen. Für unsere Rechtsberatung halte ich einen Zeitraum von 60 Tagen für angemessen.

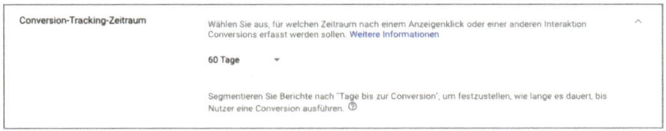

Zuletzt müssen wir uns noch für ein Attributionsmodell entscheiden, das standardmäßig auf „Letzter Klick" eingestellt ist. Diese Einstellung ist in den meisten Fällen nicht optimal, da eine Conversion dann immer dem Keyword zugeordnet wird, über das der Nutzer als Letztes auf die Website gelangt ist.

Nehmen wir nun aber an, wir haben mehrere Kampagnen geschaltet, z. B. eine YouTube-Remarketing-Kampagne, eine Display-Kampagne, eine Brand-Kampagne und auch eine Search-Kampagne. In diesem Fall ist es oftmals so, dass ein Nutzer, bevor er sich für eine Handlung entscheidet, mehrere verschiedene Kontaktpunkte mit unterschiedlichen Kampagnentypen hatte. Durch die Auswahl des Attributionsmodells „Positionsbasiert" stellen wir sicher, dass die Conversion unter den jeweiligen Kanälen aufgeteilt wird. Wir verfolgen damit die gesamte Customer Journey. Diese Einstellung hilft auch den Gebotsstrategien, die Gebote in den wichtigen Kampagnen entsprechend sinnvoll anzupassen. Auch Google empfiehlt in den seltensten Fällen, das Attributionsmodell „Letzter Klick" zu verwenden.

Wir sind also fertig mit dem Einrichten unserer Conversion und klicken abschließend auf „Erstellen und Fortfahren".

Doch das Erstellen einer Conversion in AdWords reicht leider nicht aus. Damit AdWords die Conversion auch tatsächlich auf der Website erfassen kann, muss ein entsprechender Conversion Tag auf der Website eingebunden werden. Dies kann auf zwei Wegen geschehen: Entweder fügt man den Tag manuell in den Website-Code ein, oder man verwendet dafür den Google-Tag-Manager.

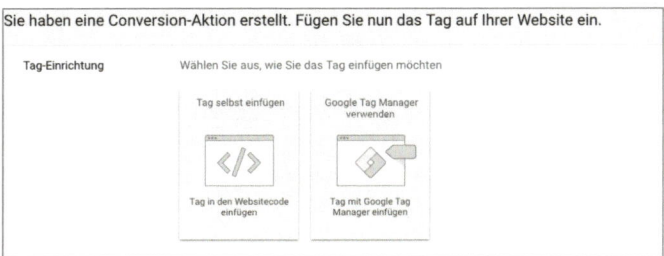

Hier können Sie Ihre bevorzugte Vorgehensweise auswählen. Ich entscheide mich an dieser Stelle dafür, den Tag selbst zu implementieren. Mit der Auswahl „Tag selbst einfügen" erhalten wir den allgemeinen Seiten-Tag oder auch „Global Site Tag", der auf jeder Seite unserer Website zwischen <head> und </head> eingefügt werden muss, falls nicht bereits geschehen. Diesen kann man auch als Snippet herunterladen.

```
<!-- Global site tag (gtag.js) - Google AdWords: 809402781 -->
<script async src="https://www.googletagmanager.com/gtag/js?id=AW-809402781"></script>
<script>
window.dataLayer = window.dataLayer || [];
function gtag(){dataLayer.push(arguments);}
gtag('js', new Date());

gtag('config', 'AW-809402781');
</script>
```

SNIPPET HERUNTERLADEN

Das eigentliche Ereignis-Snippet wird entweder auf eine Seite, die sich im letzten Schritt aufbaut, eingebunden (in den häufigsten Fällen eine Dankeseite) oder in einen Button eingebunden, der dann, wenn er angeklickt wird, auslöst.

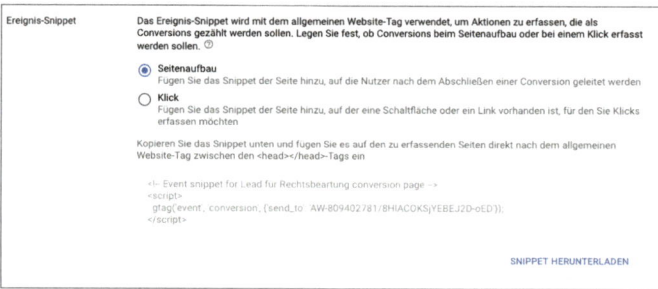

Wir wollen unser Ereignis-Snippet auf einer entsprechenden Dankeseite einfügen und können dann ab sofort erfolgreich die Generierung von Leads messen.

Exkurs: Remarketing

Mit der erstellten Kampagne führen wir erste Nutzer auf unsere Website. Diese sind für die Rechtsberatung potenzielle Kunden. Doch nicht jeder wird bei seinem ersten Besuch gleich das Anfrageformular ausfüllen und somit einen Lead generieren. Wir können diese Entscheidungsfindung allerdings positiv beeinflussen, indem wir die Nutzer, die unsere Seite besucht haben, im Anschluss mit Bannerwerbung oder YouTube-Werbung erneut auf uns aufmerksam machen, bis sie schließlich auf unsere Website zurückkehren.

Im Folgenden werden wir eine Display-Kampagne für das Remarketing erstellen. Wenn wir uns im Konto befinden, müssen wir auf den Reiter „Kampagnen" navigieren und können dort über das Plus eine weitere Kampagne hinzufügen.

Diesmal entscheiden wir uns für „Displaynetzwerk" als Kampagnentyp und wählen als Ziel erneut Leads aus. Weitere Auswahlmöglichkeiten wären „Umsätze", „Zugriffe auf die Website", „Produkt und Markenkaufbereitschaft" oder „Markenbekanntheit und Reichweite".

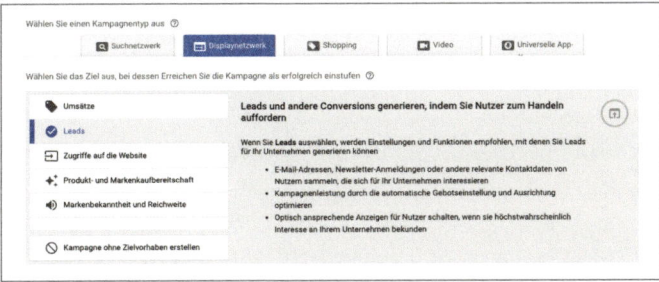

Als Kampagnenuntertyp legen wir die „Standardmäßige Displaynetzwerk-Kampagne" fest, da die Option „Gmail-Kampagne" interaktive Anzeigen in E-Mails bei Öffnung bewirbt und für unsere Zwecke ungeeignet wäre.

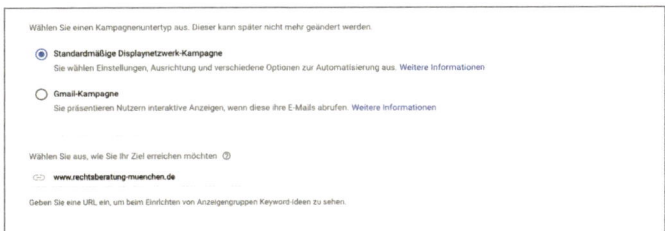

Hat man schon einmal eine Display-Kampagne geschaltet, die genügend Daten sammeln konnte, erhält man in einem aktiven Konto noch eine weitere Auswahlmöglichkeit dazu.

Mit der Einstellung „Intelligente Displaynetzwerk-Kampagne" automatisiert Google die Gebotseinstellungen, übernimmt die Ausrichtung und erstellt sogar die Anzeige selbst.

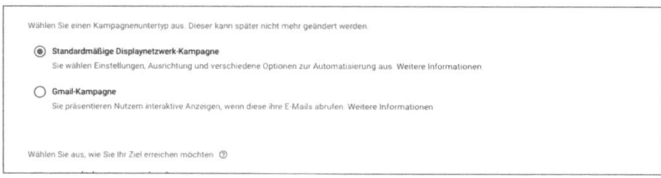

Nun können wir die Kampagne benennen. Um weiterhin einheitlich im Hinblick auf Filterfunktionen fortzufahren, nennen wir die Kampagne „[DE_Display] Remarketing Rechtsberatung".

Den Standort können wir auf der Voreinstellung „Deutschland" belassen, da wir in den nächsten Schritten ohnehin die Besucher unserer Website als Zielgruppe definieren und somit eine sehr spezifische Vorauswahl treffen. Auch als Sprache wählen wir Deutsch, da die Rechtsberatung nur in dieser Sprache durchgeführt wird.

Da uns hier genau wie bei der Suchnetzwerkkampagne noch keine gesammelten Daten zur Verfügung stehen, wählen wir als Gebotsstrategie wieder „Manueller CPC" aus und zahlen somit nur dann für die Ausspielung unseres Banners, wenn auch tatsächlich darauf geklickt wird.

Ein zusätzlicher Vorteil von Display-Kampagnen sind die wirklich vielen Impressionen, die man im Grunde extrem kostengünstig einkauft. Denn bei Display-Kampagnen handelt es sich im Gegensatz zu Suchnetzwerkkampagnen um Push-Marketing, weshalb unsere Banner in der Regel nur eine sehr geringe Klickrate aufweisen werden.

Wäre das Ziel hingegen, die eigene Markenbekanntschaft zu steigern und unsere Werbung möglichst oft ausspielen zu lassen, so würde man als Gebotsstrategie anstelle von „Manueller CPC" „Sichtbarer CPM" auswählen. Das bedeutet, wir würden uns für den 1.000er-Kontaktpreis entscheiden und somit immer dann Betrag „X" zahlen, wenn unsere Werbung 1.000-mal auf den unterschiedlichen Geräten im sichtbaren Bereich ausgespielt wurde.

Als Tagesbudget legen wir 6,50 € fest, da der Anwalt bereit ist, 200 € im Monat für Remarketing zu investieren. Die Auslieferungsmethode belassen wir auf Standard. Um die Markenbekanntheit zu steigern, könnte man hier die beschleunigte Auslieferungsmethode verwenden.

Im folgenden Schritt müssen wir einen treffenden Anzeigengruppennamen vergeben.

Wir nennen die Anzeigengruppe „Rechtsberatung_responsive", weil wir eine responsive Anzeige erstellen wollen. Hier kann jeder sein eigenes System entwickeln, Hauptsache, die Naming Convention bleibt einheitlich und man behält immer den Überblick.

Um nun auch wirklich nur gezielt Nutzer zu bespielen, die unsere Website bereits besucht haben, müssen wir unter den Zielgruppen „Alle Besucher" auswählen.

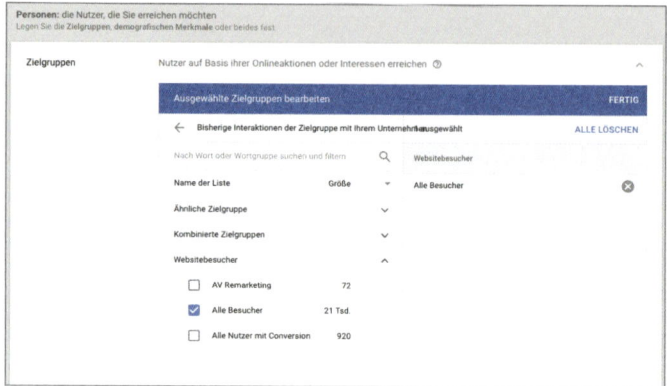

Hat man sein Google-AdWords-Konto neu erstellt, betreibt seine eigene Website aber schon länger und nutzt dazu Google Analytics, so ist es möglich, Google AdWords mit Google Analytics zu verknüpfen und die gesammelten Zielgruppen zu importieren. Da wir den Global Sitetag auf der Seite des Rechtsanwalts installiert haben, sammelt AdWords für uns Informationen über die Nutzer, die über eine Anzeige auf die Website gelangen. Unter „Tools, Abrechnung und Einstellungen" in dem Reiter „Gemeinsam genutzte Bibliothek" befindet sich der Menüpunkt „Zielgruppenverwaltung".

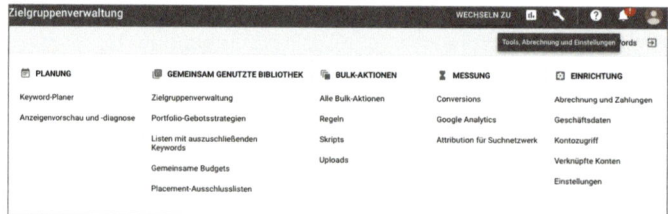

Hier können wir nicht nur die von Google automatisch generierten Zielgruppenlisten sehen, sondern auch die Liste „Alle Besucher". Zusätzlich gibt es auch die Liste *Ähnlich wie „Alle Besucher"*, die eine Lookalike Audience abbildet, basierend auf den Besuchern unserer Website. Diese kann man in Zukunft durch gezielte Werbung auf sich aufmerksam machen.

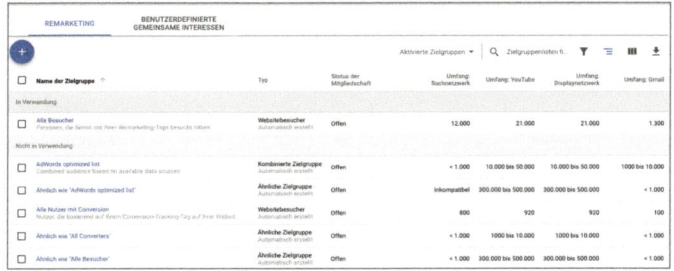

Die demographischen Merkmale können vernachlässigt werden, da wir ja schon eine genauestens festgelegte Zielgruppe targetieren. Gleiches gilt für die Content-bezogene Ausrichtung. Beides sollte man aber spezifizieren, wenn man mit seiner Display-Netzwerk-Kampagne eine neue Zielgruppe erreichen will.

Wir wollen wirklich jeden Besucher unserer Website erreichen, weshalb wir keine automatische Ausrichtung verwenden.

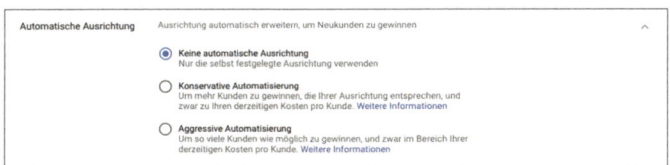

Die konservative Ausrichtung macht auch erst wieder Sinn, wenn wir bereits mehrere Conversions erzielt haben – ist dann aber zu empfehlen. Die aggressive Automatisierung wird immer dann verwendet, wenn man die Aufmerksamkeit für die Brand erhöhen möchte.

Ein guter Wert für den maximalen CPC ist ein Gebot von ca 0,20 €. Dieses kann dann im Nachgang nach oben oder unten nachjustiert werden.

Im letzten Schritt erstellen wir unsere Anzeige. Ich möchte hier zeigen, wie man eine responsive Anzeige gestaltet.

Zunächst laden wir dafür zwei Bilder hoch. Bei diesem Schritt scannt Google die eigene Website und stellt eigene Bildvorlagen zur Verfügung. Ich rate allerdings immer dazu, einen selbst gestalteten Banner mit den nötigen Informationen bereitzustellen.

Im Anschluss legen wir den „Kurzen Anzeigentitel" mit 25 Zeichen fest, der in den unterschiedlichen Anzeigenformaten immer ausgespielt wird. Je nach Format werden der „Lange Anzeigentitel" und die „Beschreibung" mit je 90 möglichen Zeichen in die Anzeige integriert, wobei in den beliebtesten Bildanzeigenformaten die „Beschreibung" am häufigsten ausgespielt wird.

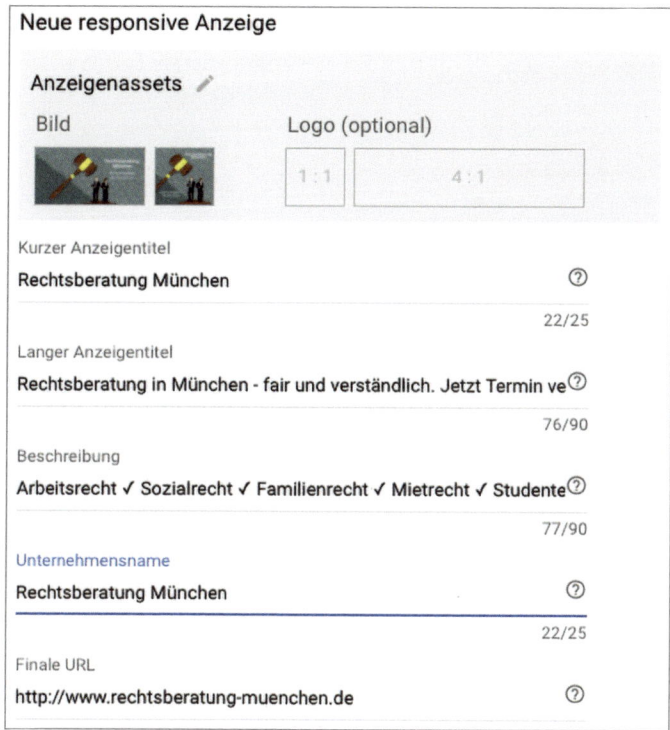

Ich empfehle die Verwendung von Stichpunkten und einem Call-to-Action, da dies die CTR in der Regel positiv beeinflusst. Außerdem helfen Stichpunkte dabei, die Schwerpunkte oder Alleinstellungsmerkmale mit wenigen Zeichen kurz zu präsentieren.

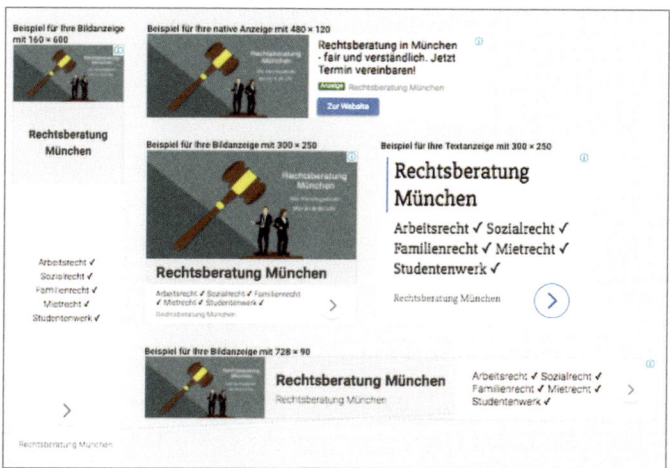

Lehnt Google Anzeigen mit übermäßig vielen Sonderzeichen ab, kann es hilfreich sein, eine Ausnahme zu beantragen, denn bei Bannern ist Google etwas toleranter.

Damit haben wir unse Display-Netzwerk-Kampagne fertig erstellt und können diese live nehmen. Im Nachgang muss wieder der manuelle CPC angepasst werden, abhängig davon, wie schnell das Tagesbudget ausgegeben wird.

Responsive Anzeigen sind eine großartige Möglichkeit, schnell auf vielen unterschiedlichen Placements präsent zu sein. Wenn die eigene Reichweite größer wird, sollte man jedoch auf die Erstellung von Bannern in den entsprechenden Anzeigenformaten setzen und diese bewerben.

Natürlich ist dieses Kampagnenbeispiel und das damit verbundene Tracking nur eine von unzähligen Möglichkeiten, über Google AdWords Werbung zu schalten. Welche Kampagne und welche Einstellungsoptionen schlussendlich für den einzelnen Fall relevant sind, hängt wie auch schon bei Facebook von dem jeweiligen Geschäftsbereich und der individuellen Zielsetzung ab.

Zusammenschluss der Ad-Giganten

Im Schnitt braucht ein Nutzer sieben Markenkontakte, bis er sich für eine Handlung entscheidet. Um die Kontaktpunkte zu verstehen und dieses Wissen in eine effektive Online-Marketing-Strategie zu integrieren, muss man sich die Customer Journey genauer ansehen. Ist z. B. bei Google AdWords die Kombination aus einer Suchnetzwerkkampagne, um Traffic zu sammeln, und einer Display-Netzwerk-Kampagne für das Retargeting der Website-Besucher eine effektive Vorgehensweise, um die Conversion Rate zu steigern, so ist dies unter Umständen nur ein kleiner Teil der gesamten Nutzerreise. Denn schaut man sich mit einem übergreifenden Tracking-Tool die Statistiken an, stellt sich häufig heraus, dass sowohl über Facebook als auch über Google AdWords Einkäufe getätigt und auch vorbereitet werden. Bespielt man also nur einen der beiden Kanäle, verschenkt man nicht nur enormes Potenzial, sondern tritt auch Käufer, bei denen man Interesse geweckt hat, im schlimmsten Fall an die Mitbewerber ab. Bestätigt wird diese Annahme durch die jährlich steigenden Werbeausgaben bei Facebook und Google AdWords. Nur durch genaue Betrachtung der beiden Kanäle und ihrer gemeinsamen Schnittpunkte kann man sich die essentiell wichtige Frage beantworten, wie man sein Budget sinnvoll verteilen sollte.

In der Anwendung können sich die beiden Online-Giganten besonders im Remarketing ergänzen. Hat man auf seiner Website die jeweiligen Tracking-Codes eingebunden, so lässt sich z. B. die am besten performende Zielgruppe von Facebook für das Retargeting in AdWords verwenden. Je genauer man seine UTM-Codes in den Kampagnen auf Facebook definiert, desto gezielter lassen sich diese wiederum im Suchnetzwerk von Google AdWords targetieren. So kann man in AdWords die Gebote auf Keywords mit den entsprechenden RLSA (Remarketing Lists for Search Ads) um 30 % erhöhen, da die Kaufwahrscheinlichkeit maßgeblich höher ist, und spezielle Anzeigentexte erstellen. Auch kann man die Listen für das Retargeting im Display-Netzwerk verwenden und so potenzielle Kunden erreichen, die man sonst außerhalb von Facebook nicht weiter erreicht hätte.

Werbung bei YouTube

Auch die Werbung auf der beliebten Videoplattform können Sie über Ihr AdWords-Konto schalten. Die Targetierungsmöglichkeiten, die Sie jetzt bereits von der Display-Werbung kennen, bleiben bestehen.

Grundsätzlich lassen sich bei YouTube drei verschiedene Werbeformen unterscheiden, auf die wir hier, um den Überblick zu wahren, auch getrennt eingehen wollen. In der Praxis empfiehlt es sich ebenfalls, diese drei Werbeformen getrennt anzugehen, da sie sich nicht nur deutlich voneinander unterscheiden, sondern auch für unterschiedliche Ziele sinnvoll sind.

Dabei handelt es sich um die YouTube-Search-Werbung, die YouTube-Display-Werbung und die YouTube-in-Stream-Werbung.

Wichtig zu wissen ist außerdem, dass bei YouTube nicht mit max. CPC, sondern mit max. CPV (Cost per View = Kosten per Videoaufruf) gearbeitet wird.

YouTube-Search-Werbung

Bei dieser Werbeform bietet man wie bei der Suchmaschinenwerbung auf Keywords. Die Werbung wird dann ausgespielt, wenn ein Nutzer in der Videosuche eines der gewählten Keywords eingibt. Dabei erscheint die Anzeige – in Form eines Links auf ein Video mit dem Hinweis „Anzeige" – ganz am Anfang der Ergebnisliste. Es können auch mehrere solcher Videos den Suchresultaten vorangestellt werden, wenn mehrere Anzeigen auf das gleiche Keyword geschaltet wurden.

Eine Besonderheit der Anzeige ist, dass sich ein Video öffnet, wenn man sie anklickt. Mit einem solchen Video kann z. B. eine kalte Zielgruppe für ein bestimmtes Thema erwärmt werden. Diese Form der Werbung kann aber auch genutzt werden, um den YouTube-Kanal eines Unternehmens oder einer Person bekannter zu machen und ihm mehr Abonnenten einzubringen.

YouTube-Display-Werbung

Bei der Display-Werbung auf der YouTube-Plattform wird die Anzeige – wieder in Form eines Links auf ein Video – bei den vorgeschlagenen Videos auf der rechten Seite dargestellt. Auch diese Form der Werbung ist besonders nützlich, um den YouTube-Kanal eines Unternehmens oder einer Einzelperson bekannter zu machen.

YouTube-in-Stream-Werbung

Bei der In-Stream-Werbung unterscheidet man grundsätzlich zwischen Pre-Roll und Mid-Roll.

- Pre-Roll bedeutet, dass die Werbung vor dem Video abgespielt wird, das der Nutzer sehen möchte.

- Mid-Roll bedeutet, dass die Werbung an einer bestimmten Stelle ein längeres, vom Nutzer angeschautes Video unterbricht.

Mit YouTube sind beide Formen möglich, und sie bieten jeweils Vor- und Nachteile. Der Vorteil von **Pre-Roll** ist, dass diese Vorgehensweise bei jeder Videolänge möglich ist und direkt am Anfang des Videos auch viel Aufmerksamkeit einbringt. Der Nachteil ist, dass die Werbung in diesem Fall oft übersprungen wird oder sogar zu Abbrüchen führt, wenn das Video nicht als interessant wahrgenommen wird.

Der Vorteil von **Mid-Roll** ist, dass die Werbung abgespielt wird, wenn der Nutzer bereits sehr stark in die Betrachtung seines gewünschten Videos eingetaucht ist. Die Abbruchwahrscheinlichkeit wird an dieser Stelle geringer, weshalb diese Position auch zunehmend genutzt wird. Der große Nachteil ist aber, dass diese Werbeform nur bei längeren Videos Sinn macht und nicht bei den zahlreichen kurzen Video-Clips, von denen es bei YouTube sehr viele gibt.

In der Regel können die Videos nach einigen Sekunden vom Nutzer übersprungen werden, wenn sie ihn nicht interessieren. Deshalb sind die ersten fünf Sekunden des Videos entscheidend: Kann man den Nutzer in dieser Zeit überzeugen, weiterzuschauen, dann hat man weitere Sekunden seiner Aufmerksamkeit. Aber auch ansonsten sollten die ersten fünf Sekunden des Werbevideos sinnvoll genutzt werden. Bei Brand-Kampagnen ist es z. B. wichtig, dass in den ersten fünf Sekunden das Logo der Marke zu sehen ist. So bleibt man auch den Nutzern in Erinnerung, die die Werbung übersprungen haben.

Auch für Remarketing kann YouTube sehr machtvoll sein. Das hat unter anderem einen ganz einfachen psychologischen Grund: Der Nutzer wird mit etwas, was ihn bereits zuvor interessiert hat, noch einmal in Form eines Werbevideos konfrontiert. Deshalb ist er üblicherweise auch aufmerksamer.

Doch woher bekommt man nun ein hochwertiges Werbevideo? Das ist gar nicht so schwer, und man braucht dafür auch keinen Hollywood-Regisseur. Das Video kann aus einfachen animierten Graphiken bestehen, die Sie von einem Freelancer anfertigen lassen können. Oder Sie stellen sich einfach selbst vor die Kamera – und präsentieren freundlich und sachlich sich selbst und Ihr Angebot.

Grundsätzlich sind auch bei YouTube-Werbung am Anfang niedrige CPV-Gebote sinnvoll. Das hängt vor allem damit zusammen, dass hier die Konkurrenz von anderen Werbetreibenden noch nicht sehr groß ist. Und bedeutet wiederum, dass man mit relativ kleinen Budgets und niedrigen Geboten schon eine sehr zufriedenstellende Reichweite erzielen kann.

Konkurrenz auslesen bei AdWords

Da es sich bei AdWords um ein aktionsbasiertes System handelt, ist es hier besonders wichtig, ständig die Mitbewerber im Blick zu haben. Deren Aktivitäten sind nicht nur eine hilfreiche Inspiration für den Start, sondern auch ständig für die Entwicklung der Gebotspreise verantwortlich. Das bedeutet: Je mehr Ihre Mitbewerber auf das gleiche Keyword bieten, desto höher fällt der Preis für eine gute Position und einen Klick aus. Das können Sie gut mit dem AdWords Keyword Planner untersuchen: Dort werden Ihnen nicht nur die empfohlenen CPV-Gebote, sondern auch die Dichte der Konkurrenz auf dieses Keyword angezeigt. Nicht zu vergessen ist aber auch die Wettbewerbsanalyse für laufende Kampagnen, die man regelmäßig kontrollieren sollte.

Deshalb macht es zunächst einmal Sinn, mit dem Keyword Planner zu schauen, auf welche Keywords Ihre Konkurrenz den Schwerpunkt legt – und möglicherweise Keywords zu finden, die ähnlich relevant und volumenstark sind, aber von Ihren Mitbewohnern bisher übersehen wurden. Das ist besonders für Branchen empfehlenswert, bei denen CPV-Gebote von zum Teil über 20 € pro Klick üblich sind.

Noch interessanter wird es aber, wenn Sie einen Überblick über die gesamten Werbeaktivitäten Ihrer Mitbewerber erhalten und nicht nur sehen, auf welche Keywords Sie sich konzentrieren, sondern auch, welche Anzeigen sie schalten, und vieles mehr! Das bedeutet, Sie können sich anschauen:

- welche Budgets Ihre Mitbewerber einsetzen,
- welche Ad-Copys Ihre Mitbewerber nutzen,
- welche Mitbewerber überhaupt auf Ihrem Markt sind,
- welche Anzeigen Ihrer Mitbewerber am besten funktionieren und
- wie viel Traffic Ihre Mitbewerber mit PPC generieren.

Wir nutzen für diesen Zweck üblicherweise das Online-Tool SEMrush, das einen sehr detaillierten Einblick in die PPC-Aktivitäten der Mitbewerber ermöglicht. Sie finden es unter: https://www.semrush.com/

Hier macht es natürlich noch weniger Sinn als bei Facebook, die Kampagnen einfach Wort für Wort zu übernehmen. Denn häufig sind die Anzeigen Ihrer Mitbewerber direkt neben Ihrer Anzeige zu sehen – es ist also noch wichtiger, sich deutlich davon abzuheben.

Auch für die Display-Werbung im AdSense-Netzwerk kann SEMrush wertvolle Informationen über Ihre Mitbewerber liefern. Außerdem erfahren Sie in regelmäßigen Reports, wer die Top-Publisher sind und können so Ihre Display-Werbung ständig auf die aktuell am stärksten besuchten und klickstärksten Websites streuen.

Auch mit Moat können sie sich die Display-Werbung Ihrer Mitbewerber schnell und einfach anschauen: Sie geben einen Markennamen eines Mitbewerbers in das Suchfeld ein – und erhalten eine Galerie mit verschiedenen Anzeigenmotiven dieses Mitbewerbers. Allerdings liefert Moat überwiegend Resultate aus dem englischsprachigen Markt und hat nicht alle europäischen Unternehmen in seiner Datenbank.

Off Topic: LinkedIn

Auch bei den großen Firmennetzwerken LinkedIn und XING ist es mittlerweile möglich, Werbung zu schalten. XING ist eine eher lokal ausgerichtete Plattform für Deutschland, Österreich und die Schweiz und hat derzeit etwa acht Millionen Mitglieder.

Da LinkedIn aufgrund seiner globalen Ausrichtung mit über 500 Millionen Nutzern das deutlich größere Netzwerk ist, werde ich in diesem Abschnitt die Werbeschaltung auf LinkedIn in den Vordergrund stellen.

Im Grunde funktioniert das Werben aber über beide Plattformen ähnlich, da XING und LinkedIn für den gleichen Zweck verwendet werden: die Vernetzung von Fach- und Führungskräften. Deshalb sind hier besonders Advertiser gut aufgehoben, die ihre Zielgruppe im B2B-Bereich haben.

Besonders empfehlenswert ist es, auf LinkedIn Werbung zu den Themen Jobsuche oder Aus- und Weiterbildungen zu schalten. Wenn Sie also z. B. eine Stelle zu besetzen haben und fähige Mitarbeiter suchen, dann macht es Sinn, dazu Anzeigen auf LinkedIn zu schalten. Aber auch, wenn Sie interessante Schulungen veranstalten, können Sie potentielle Teilnehmer über LinkedIn erreichen.

Dabei stellt diese Werbeplattform eine Fusion zwischen den Practices auf Facebook und denen von Google AdWords dar: Einerseits gibt es ähnlich wie bei Facebook vielfältige Targetierungsmöglichkeiten. Andererseits ist die verfügbare Zeichenanzahl ähnlich wie bei Google AdWords in den verschiedenen Anzeigenformaten, die wir uns im nächsten Abschnitt anschauen, stark begrenzt.

Anzeigenformate

Bei LinkedIn gibt es drei unterschiedliche Anzeigenformate, die sich grundsätzlich in der Art ihrer Auslieferung unterscheiden: Text Ads, Sponsored InMail und Sponsored Content. Was die einzelnen Formate voneinander unterscheidet, schauen wir uns im Folgenden genauer an.

Text Ads

Optisch ähneln Textanzeigen auf LinkedIn denen, die Sie auf Google AdWords schalten können. Das liegt daran, dass Sie nur eine geringe Anzahl an Zeichen zur Verfügung haben, um Ihre Botschaft an Ihre Zielgruppe zu übermitteln: Lediglich 25 Zeichen für Überschriften und 75 Zeichen für die Beschreibung. Das ist sogar noch weniger, als Ihnen bei Google AdWords zur Verfügung steht.

Grundlegend bestehen LinkedIn-Textanzeigen aus Überschrift, Beschreibung, URL und einem Creative. Die URL kann dabei direkt auf Ihre Website verlinken oder auf Ihre LinkedIn-Firmenseite. Letzteres bietet sich jedoch nur an, wenn Ihre Seite gut gepflegt ist und dem Besucher ausreichend Informationen bietet.

Als Creative können Sie ein Bild oder ein Video wählen. Dies ist zwar optional, jedoch stark zu empfehlen, da es den Blick der Nutzer auf Ihre Anzeige leitet. Das Creative wird jedoch nur angezeigt, wenn die Art der Positionierung es zulässt – abhängig davon erscheint die Anzeige in quadratischem, horizontalem oder langem Format.

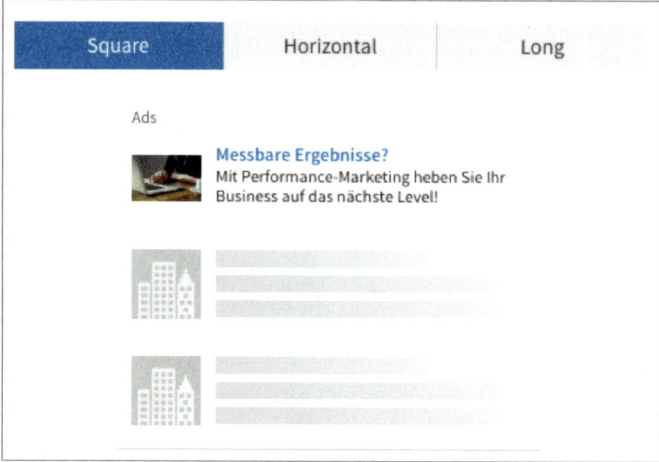

Quadratisches Textanzeigenformat

Horizontales Textanzeigenformat

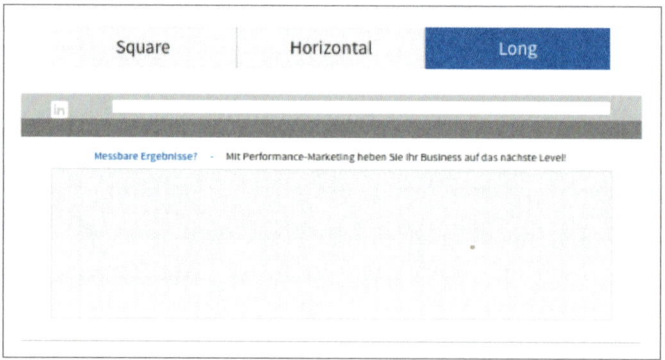

Langes Textanzeigenformat

Die Abrechnung der Schaltung von Textanzeigen auf LinkedIn erfolgt entweder auf Pay-per-Click- oder auf Cost-per-Mille-Basis. Sie bezahlen also entweder nur, wenn tatsächlich jemand auf Ihre Anzeige klickt. Oder Sie bezahlen für Impressionen, also für die Ausspielung Ihrer Anzeige.

Sponsored Content

Bei Sponsored Content handelt es sich um Beiträge, die direkt im Feed der Nutzer angezeigt werden. Sie gleichen den Beiträgen anderer Nutzer und fügen sich deshalb optisch unauffällig in das Nutzererlebnis ein.

Sie erhalten also Traffic auf Ihre verlinkte Seite und steigern so das Bewusstsein Ihrer Zielgruppe für Ihr Produkt und Ihr Unternehmen. Sie sammeln Leads und können außerdem die Beziehung mit Ihren Kunden aufbauen und stärken, da die Kommentarfunktion einen Austausch zwischen Ihnen und Ihrer Zielgruppe ermöglicht.

Beim Konzipieren der Sponsored-Content-Beiträge ist zu beachten, dass die Überschrift 150 Zeichen nicht übersteigen sollte, da kurze Überschriften nachweislich die Effektivität Ihrer Beiträge steigern.

In der Beschreibung sollten Sie sich bestenfalls auf 70 Zeichen beschränken, da alles über 100 Zeichen in jedem Fall abgeschnitten wird. Anders als bei Facebook, wo lange Anzeigentexte oftmals gut performen, ist es bei LinkedIn ratsam zu vermeiden, dass ein Teil des Textes ausgeblendet wird.

Aufgrund des professionellen Hintergrunds der Plattform ist es weniger wahrscheinlich, dass Nutzer sich intensiv mit den einzelnen Beiträgen beschäftigen. Sie sollten jedoch genau wie bei Facebook keinesfalls auf den Call-to-Action verzichten. Mit der Handlungsaufforderung stellen Sie sicher, dass Ihre Zielgruppe ganz klar weiß, wie der nächste Schritt aussieht.

Ebenso wie bei den Text Ads erfolgt auch hier die Abrechnung entweder auf Pay-per-Click- oder auf Cost-per-Mille-Basis. Sie zahlen hier also entweder für Klicks oder für Impressionen.

Sponsored InMail

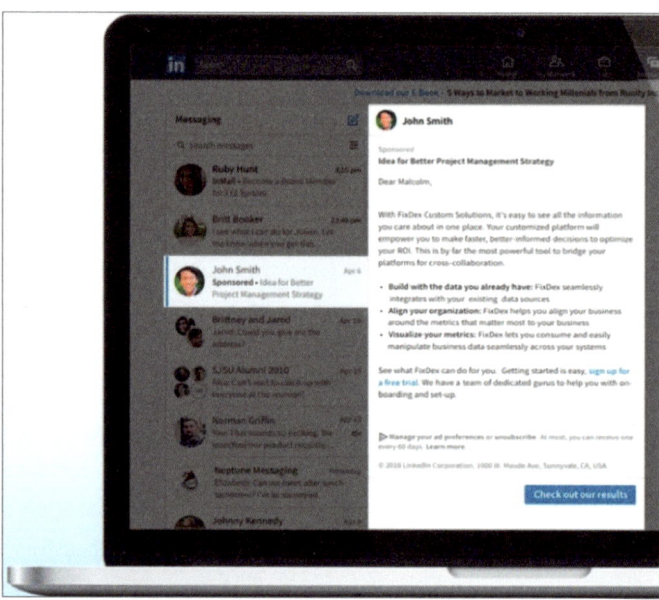

Mit gesponserten Nachrichten können Sie in direkten Austausch mit Ihrer Zielgruppe treten und Conversions durch personalisierte Mitteilungen vorantreiben. Ihre Nachricht wird gemeinsam mit den Nachrichten anderer Nutzer im Postfach Ihres Adressaten angezeigt und hebt sich nur durch den Hinweis „Sponsored" von regulärer Konversation ab.

Dieses Anzeigenformat eignet sich besonders gut dafür, Ihre Zielgruppe über Live-Events und Webinare zu informieren und sie zur Registrierung zu animieren. Sie können jedoch ebenso zusätzliche Verkäufe generieren, indem Sie Ihre Produkte oder Dienstleistungen gezielt bewerben. Auch der Download relevanter Materialien wie Infographiken, E-Books und White Papers lässt sich mithilfe von Sponsored InMail ankurbeln.

Der große Vorteil an diesem Format ist, dass Ihre Nachricht bequem an eine große Anzahl an potenziellen Kunden ausgeliefert werden kann, sich diese Art der Kommunikation aber für den Einzelnen viel persönlicher und direkter anfühlt als bspw. Sponsored Content oder Textanzeigen. Außerdem ist positiv anzumerken, dass Sponsored InMail nur an aktive Mitglieder ausgeliefert wird. Sie bezahlen also nur bei Auslieferung und vermeiden, dass Ihre Nachricht von nicht aktiven Mitgliedern zwar nicht wahrgenommen wird, aber dennoch Kosten verursacht.

Targetierungsmöglichkeiten

Bei LinkedIn stehen Ihnen verschiedene Targetierungsmöglichkeiten zur Verfügung, mit deren Hilfe Sie Ihre Zielgruppe optimal eingrenzen und erreichen können.

Es ist zum einen möglich, mit Website Retargeting Anzeigen an Ihre Website-Besucher auszuspielen. Zum anderen können Sie mit Contact Targeting vorhandene E-Mail-Listen verwenden, um Anzeigen an bestehende Kontakte auszuspielen.

Zusätzlich gibt es die Möglichkeit, Account Targeting zu nutzen, um bestimmte Firmenseiten auf LinkedIn anzusprechen. Sie können auch Fach- und Führungskräfte mit bestimmten demographischen und geographischen Angaben targetieren.

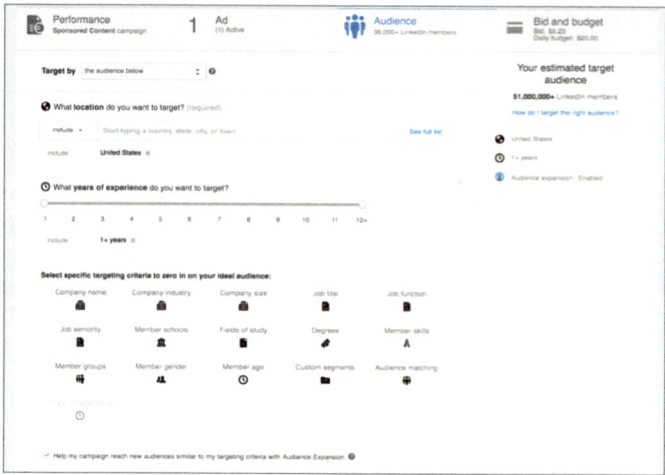

Zielgruppenauswahl im Campaign-Manager

Sie können Mitglieder z. B. je nach Jobtitel, Position, Dienstalter, Firmenname, Arbeits-
ort oder Branche ansprechen. Zudem ist es möglich, eine interessenbasierte Targetierung
vorzunehmen: Sprechen Sie Nutzer an, die bestimmten LinkedIn-Gruppen angehören,
oder wählen Sie aus, welches Studienfach ihre Zielgruppe belegt hat oder welche Skills
und Fähigkeiten sie besitzt.

Wie Sie sehen, bietet LinkedIn seinen Werbetreibenden viele attraktive Targetierungsmöglichkeiten, mit denen die Zielgruppe bestmöglich erreicht werden kann.

Zusammenfassung Teil C

Die Verbindung von Werbung mit von externen Nutzern bereitgestelltem Content nutzt Google auch für die Werbung im Display-Netzwerk. Sogenannte Publisher stellen Werbeflächen auf ihren Websites zur Verfügung, die dann ähnlich wie bei anderen Display-Netzwerken für die Google-AdSense-Werbeanzeigen genutzt werden. Als Werbetreibender kann man sowohl das thematische Umfeld für die Anzeige als auch geographische und demographische Faktoren einstellen, um gezielt bestimmte Zielgruppen anzusprechen.

Keyword-Planung

Je mehr Menschen zu einem bestimmten Suchwort recherchieren, desto größer ist die mögliche Reichweite, wenn man auf dieses Keyword bietet.

Keywords mit hohem Suchvolumen: Die Konkurrenz ist häufig recht hoch, was zu einem hohen CPC-Preis führt. Außerdem sind diese Keywords oftmals sehr allgemein – wählt man dagegen konkretere Keywords, kann man damit meistens die CTR (Click-Through-Rate) verbessern, weil die konkreter gestaltete Anzeige für die Suchenden eine größere Relevanz besitzt.

AdWords stellt dabei mehrere Varianten der Keyword-Verwendung zur Auswahl:

- 1. Variante: **Broad Match:**
  Bei dieser Variante wird auf eine Variation des Keywords ohne Zusatzzeichen geboten. Die Suchanzeige präsentiert dann so gut wie alle Suchanfragen, die zu dem Keyword passen.

- 2. Variante: **Phrase Match:**
  Hierbei werden ein oder mehrere Keywords mit Anführungs-
  zeichen verbunden. Das bedeutet, dass die Begriffe innerhalb der
  Klammern auch in der Suchanfrage des Nutzers in exakt der glei-
  chen Reihenfolge erscheinen müssen. Es können allerdings auch
  Wörter davor und danach in der Suche enthalten sein.

- 3. Variante: **Modified Broad Match:**
  Die Keywords werden mit einem „+"-Zeichen verbunden. Das
  bedeutet wie beim Phrase Match, dass die Begriffe in der Suchanfrage vorhanden sein müssen, die Reihenfolge ist hierbei allerdings nicht entscheidend.

- 4. Variante: **Exact Match:**
  Bei Variante 4 wird das Keyword mit eckigen Klammern versehen. Das hat zur Folge, dass die Suchanfrage genau mit der Suche
  übereinstimmen muss, wie sie der Nutzer auch bei Google eingegeben hat.

Anzeigenplanung

Eine AdWords-Anzeige auf der rechten Seite besteht aus einer Überschrift mit bis zu 25 Zeichen, zwei Textzeilen mit jeweils bis zu 35 Zeichen und einer angezeigten URL mit ebenfalls bis zu 35 Zeichen. Bei
Anzeigen, die über oder unter den Suchergebnissen dargestellt werden,
ist teilweise mehr Text möglich. Bilder sind in den Anzeigen grundsätzlich nicht enthalten.

Folgende Werbeformen sind innerhalb von Google AdWords umsetzbar:

- **Textbasierte Anzeigen:**
  Dies ist die klassischste Werbeform mit Google AdWords. Die Anzeige ist zweizeilig und besteht aus einem Titel, einem Anzeigentext und einem sichtbaren Link. Für den Titel sind 25 Zeichen erlaubt, beim Anzeigentext verfügt der Autor über 70 Zeichen, und für den Link stehen insgesamt 35 Zeichen zur Verfügung. Sonderzeichen dürfen bei dieser Form nicht verwendet werden, und Ausrufe- und Fragezeichen dürfen nur einmal pro Anzeige verwendet werden. Die Textanzeigen erscheinen bei Google über, neben oder unter den organischen Suchtrefferergebnissen.

- **Werbebanner:**
  Die Bildanzeigen können im Google-Werbenetzwerk veröffentlicht werden und erscheinen dann auf Partner-Websites, die mit Google AdSense verbunden sind. Als Dateiformate eignen sich GIF- oder auch Flash-Dateien.

- **Videoanzeigen:**
  Natürlich können Werbetreibende auch auf Plattformen wie YouTube mit eigenen Filmen oder Clips oder durch ihre Präsenz auf anderen Kanälen werben.

- **Product Listing Ads:**
  Diese Form der Werbeanzeige stellt theoretisch eine klassische Bildanzeige für ein Produkt dar. Die Anzeige besteht klassisch aus folgenden Bestandteilen: Produktbild, Produkttitel und Preisangaben. Es ist auch möglich, einen kurzen Slogan, eine Beschreibung oder Produkthinweise zu ergänzen. Neuartig ist dabei vor allem, dass die Anpassung dieser Angaben nicht über die Anzeige erfolgt, sondern in den Produktlisten vorgenommen werden muss, die der Werbetreibende im Google Merchant Center hinterlegt. Das AdWords-Konto dient an dieser Stelle lediglich dazu festzulegen, welche Produktgruppen oder Produkte angezeigt werden sollen.

- **Dynamic Search Ads:**
  Bei diesen Suchanzeigen wird nicht im Vorfeld festgelegt, welche Werbeanzeigen abgespielt werden, sondern das AdWords-System erstellt dynamische Anzeigen. Die Anzeigen basieren auf den Inhalten der Websites des Werbetreibenden.

- **Click-to-Call:**
  Diese Variante bietet Nutzern die Möglichkeit, mit nur einem einzigen Klick ein Gespräch mit dem werbenden Unternehmen aufzubauen. Bei Textanzeigen kann dann z. B. eine Telefonnummer hinzugefügt werden.

Targeting-Methoden

- **Region:**
  Diese Option bietet die Möglichkeit, Anzeigen weltweit oder nur regional begrenzt auszuspielen.

- **Tageszeit:**
  Es ist möglich, alle Anzeigen auf spezielle Tage oder explizite Tageszeiten zu beschränken oder auszuweiten.

- **Sprache:**
  Durch diese Auswahl lassen sich AdWords-Anzeigen auf gezielte Sprachregionen beschränken.

- **Altersgruppe:** Die Anzeigen lassen sich auch gezielt auf bestimmte Altersgruppen beschränken.

- **Endgerät:**
  Es ist grundsätzlich möglich, Text- oder Display-Anzeigen gezielt für mobile Endgeräte, Desktops oder beide Engerätformate auszurichten.

- **Placement:**
  Placements bieten die Möglichkeit, bestimmte Websites oder Apps aus dem Google-Werbenetzwerk gezielt für Display-Anzeigen auszuwählen.

- **Affinitätskategorie:**
  Unter dieser Kategorie fasst Google alle möglichen Themengebiete zusammen, die dem Hauptthema zugeordnet werden können. Hier erfolgt die Auswahl der entsprechenden Placements automatisch.

- **Interessengruppe:**
  Display-Anzeigen können über die Nutzerinteressen ausgespielt werden. Google ermittelt auf dieser Grundlage automatisch passende Placements.

Das Thema Retargeting spielt innerhalb von Google AdWords eine besondere Rolle, denn hierfür muss sowohl eine Verknüpfung mit dem Google-Analytics-Konto als auch eine Anpassung an den Tracking-Code vorgenommen werden. Anschließend werden die festgelegten Ziele für das Retargeting im Analytics-Konto hinterlegt, auf die dann innerhalb des AdWords-Kontos für Retargeting-Kampagnen zugegriffen werden kann.

Kommen wir nun zu den bei AdWords verfügbaren Gebotsstrategien:

a) Ausrichtung auf Suchseitenposition

Bei dieser Strategie wird das Gebot jeweils so ausgesteuert, dass eine bestimmte Position erreicht wird. Das kann je nach getroffenen Einstellungen eine Top-Position oder eine Position auf der ersten Seite sein. Das bedeutet natürlich nicht, dass diese Position immer erreicht wird: Liegt das nötige Gebot über dem maximal gewünschten CPC, oder ist der Qualitätsfaktor zu niedrig, dann rutscht die Anzeige weiter nach hinten.

b) Klicks maximieren

Wenn man die Gebote auf Klicks ausrichtet, dann versucht der Algorithmus, eine möglichst hohe Klickzahl mit dem verfügbaren Budget zu erreichen. Dafür justiert AdWords automatisch die Gebote der einzelnen Anzeigen je nach erzielten Klickraten. Auch hier kann es Sinn machen, einen maximalen CPC zu definieren, um unerwünschte Effekte zu dämpfen.

c) Autooptimierter CPC

Für diese Gebotsstrategie werden verschiedene vom System über den jeweils suchenden Nutzer gewonnene Daten dafür verwendet, die Conversion-Wahrscheinlichkeit zu errechnen. Nach dem Ergebnis dieser Berechnung wird dann das Gebot erhöht oder gesenkt, um einen möglichst optimalen CPC-Wert zu erreichen. Da das System für diese Strategie eine Lernphase benötigt, kann es unter Umständen etwas dauern, bis optimale Ergebnisse erzielt werden.

d) Ziel-CPA

Auch bei dieser Strategie werden Nutzerdaten und Maschinenlernen eingesetzt, um ein möglichst optimales Ergebnis zu erzielen. Dabei wird aber nicht auf den CPC- sondern auf den CPA-Wert optimiert. In der Praxis bedeutet dies, dass der Algorithmus versucht, mit einem festgelegten Ziel-CPA-Wert viele Conversions zu erreichen. Mit ausreichend lange gesammelten Daten ist es darüber auch möglich, relativ genau einen realistischen Ziel-CPA-Wert vorherzusagen.

e) Ziel-ROAS

Bei dieser Strategie, die ähnlich wie die Ziel-CPA-Strategie funktioniert, wird ein Ziel-ROAS definiert. Das bedeutet, dass zusätzlich der Wert einer Conversion, also der jeweils generierte Umsatz, in die Berechnung mit einfließt.

f) Kompetitive Auktionsposition

Diese Strategie ist ebenfalls sehr interessant, aber nur in bestimmten Situationen ratsam. Dabei wird das Gebot immer so gewählt, dass eine Anzeigenposition oberhalb der eines ausgewählten Mitbewerbers erzielt wird. Eine solche Strategie kann sinnvoll sein, um bei Suchen nach der eigenen Brand über den Mitbewerbern aufzutauchen. Setzt man die Strategie aber in anderen Bereichen ein, kann man damit auch eine eskalierende Gebotsspirale provozieren, die das Budget stark belastet, ohne mehr Gewinn einzubringen.

Landingpage und Tracking

Die Landingpage muss:

- aktiv, funktionsfähig und erreichbar sein,
- nutzerfreundlich sein und schnell laden,
- klar auf Keyword und Anzeige bezogen sein und
- Informationen zu Produkt, Unternehmen etc. enthalten.

Werbung im Display-Netzwerk

In der Praxis bedeutet das: Die Zielgruppe sucht gerade nicht unbedingt gezielt nach dem Produkt – vielleicht hat der Nutzer im Moment nicht einmal vor, etwas zu kaufen. Er muss also überzeugt werden. Dafür stehen im Display-Netzwerk von Google AdSense deutlich mehr Gestaltungsmöglichkeiten zur Verfügung.

Traffic

Targetierung

Dafür bietet die Google-Display-Werbung mehrere Möglichkeiten:

- Keywords: Hier werden wie bei der AdWords-Suchwerbung Keywords definiert. Interne Algorithmen suchen dann zu diesen Keywords passende Websites als Umfeld für die Anzeige.

- Interessen: Nachdem Interessen der Zielgruppe definiert wurden, wird die Anzeige auf Websites ausgespielt, auf denen sich Personen mit diesen Interessen aufhalten. Dies müssen nicht immer thematisch eng verwandte Websites sein.

- Themen: Bei dieser Option benennt man gewünschte Themen. Die Anzeige wird dann auf dazu passenden Websites ausgespielt.

- Placements: Man kann auch konkrete Websites benennen, auf denen die Anzeige – wenn technisch möglich – ausgeliefert werden soll. Dafür dient diese Variante.

- Demographie: Hier können Alter, Geschlecht, Region etc. festgelegt werden. Diese Option ist oft auch als Kombination mit den anderen Targetierungsmöglichkeiten sinnvoll.

Gebotsstrategie

Grundsätzlich empfiehlt es sich, im Display-Netzwerk mit niedrigen CPC-Geboten einzusteigen. Wenn man dann gut funktionierende Anzeigen und Targetierungen gefunden hat, kann man eventuell den maximalen CPC erhöhen.

Bei der dritten hier genannten Google-Werbeform verbinden sich Push- und Pull-Elemente in verschiedenen verfügbaren Werbeformen: bei der Werbung auf der Videoplattform YouTube.

YouTube-in-Stream-Werbung

- Pre-Roll bedeutet, dass die Werbung vor dem Video abgespielt wird, das der Nutzer sehen möchte.

- Mid-Roll bedeutet, dass die Werbung an einer bestimmten Stelle ein längeres, vom Nutzer angeschautes Video unterbricht.

Der Vorteil von **Pre-Roll** ist, dass diese Vorgehensweise bei jeder Video-länge möglich ist und direkt am Anfang des Videos auch viel Aufmerksamkeit einbringt. Der Nachteil ist, dass die Werbung in diesem Fall oft übersprungen wird oder sogar zu Abbrüchen führt, wenn das Video nicht als interessant wahrgenommen wird.

Der Vorteil von **Mid-Roll** ist, dass die Werbung abgespielt wird, wenn der Nutzer bereits sehr stark in die Betrachtung seines gewünschten Videos eingetaucht ist. Die Abbruchwahrscheinlichkeit wird an dieser Stelle geringer, weshalb diese Position auch zunehmend genutzt wird. Der große Nachteil ist aber, dass diese Werbeform nur bei längeren Videos Sinn macht und nicht bei den zahlreichen kurzen Video-Clips, von denen es bei YouTube sehr viele gibt.

Teil D: Werbung schalten mit nativen Netzwerken und Content-Netzwerken

Native Netzwerke und Content-Netzwerke sind zwei weitere Werbeformen, die sicher jedem von uns schon einmal im Internet begegnet sind. Auch diese sind sehr verbreitet und können unter Umständen große Reichweiten ermöglichen. Wie auch bei den anderen genannten Werbeformen wird auch hier ein Nutzerinteresse mit der Möglichkeit verbunden, gezielt zu werben. Doch schauen wir uns das am besten mal im Detail an:

Native Netzwerke

Der große Vorteil von nativen Netzwerken liegt in der engen Verbindung von redaktionellen und werblichen Inhalten. In Teil A sind wir bereits darauf eingegangen, dass native Netzwerke das sogenannte Native Advertising anbieten und diese Werbeform besonders auf den Websites von Zeitungen, Zeitschriften und großen Blogs verbreitet ist. Die werbenden Inhalte sind dabei oftmals kaum noch von den redaktionellen Inhalten zu unterscheiden, wäre da nicht die Kennzeichnung mit dem Vermerk „gesponsert" oder auch „Anzeige".

Die Anzeigen sind also als solche gekennzeichnet, unterscheiden sich aber ansonsten häufig nicht deutlich vom restlichen redaktionellen Inhalt. Das Konzept scheint aufzugehen: Native Netzwerke boomen als Werbeträger und verzeichnen enorm wachsende Verbreitungs- und Nutzungszahlen. Zu den derzeit größten nativen Netzwerken zählen Taboola und Outbrain – später werden wir uns noch Case Studies aus diesen beiden Netzwerken anschauen, um einen praktischen Einblick in die Möglichkeiten und die Performance zu erhalten.

Die Funktionsweise von nativen Netzwerken erfordert in der Regel aber auch, einen Zwischenschritt zwischen der Anzeige und einem tatsächlichen Kaufangebot einzuplanen, denn wer auf so eine Anzeige klickt, der erhofft sich in der Regel auch einen Mehrwert, wie z. B. ein interessantes Video oder einen aufschlussreichen Artikel entsprechend der von ihm geklickten Überschrift. Von dort kann dann zu einem Kaufangebot oder der Möglichkeit zu einer Anfrage hingeleitet werden.

Das kommt Ihnen bekannt vor? Richtig, das sind Techniken, die wir schon aus dem Abschnitt über Funnel-Marketing kennen. Und in diesem Zusammenhang entfaltet Native Advertising auch seine größten Potenziale: bei der Ansprache kalter Zielgruppen. Dementsprechend muss man allerdings bei der Planung einer Kampagne häufig etwas out of the box denken, um optimale Resultate zu erzielen.

Content-Netzwerke

Ein großes Content-Netzwerk haben wir ja bereits besprochen, denn nichts anderes ist die Google-Display-Werbung im Kern. Außer AdWords gibt es aber noch einige weitere Netzwerke, die ergänzend genutzt werden können. Zwar bieten nicht alle von ihnen so gute Targetierungsmöglicheiten wie Google, dafür haben sie aber andere individuelle Vorteile, wie z. B. eine größere Auswahl von unterschiedlichen Anzeigenformaten.

Erfolgreiche Kampagnen planen

Native Advertising unterscheidet sich, wie Sie sicher schon bemerkt haben, etwas von anderen Werbeformen. Es funktioniert vielmehr so, wie wir es von Advertorials aus dem Printbereich oder verschiedenen TV-Dauerwerbesendungen kennen: Content wird in ein redaktionelles Umfeld eingebettet und soll einen sanften Übergang vom Interesse des Lesers an Informationen und Wissen zur Markenbotschaft oder Verkaufsargumentation schaffen. Dabei ist jedoch wichtig, dass solche Beiträge vom Publisher stets als Anzeige gekennzeichnet werden.

Studien zeigen, dass den meisten Nutzern durchaus bewusst ist, dass sie auf eine Anzeige klicken. Sie klicken aber häufig dennoch, weil Sie sich für den versprochenen Inhalt interessieren – und das führt uns zum ersten und wahrscheinlich wichtigsten Faktor für erfolgreiche Kampagnen in Native-Netzwerken: guter Content, der den Nutzern einen Mehrwert und Nutzen verspricht und dieses Versprechen dann auch hält.

Aber was macht guten Content aus? Zuerst einmal muss er zu den Interessen Ihrer potentiellen Kunden passen. Wenn Sie Küchenzubehör verkaufen möchten, dann sind alle möglichen Küchen- und Lifestyle-Themen vorstellbar, von Partys bis zu Kochrezepten. Content über Autos würde dagegen sehr wahrscheinlich in diesem Kontext keinen Sinn ergeben und nicht funktionieren.

Denken Sie ruhig out of the box: Es ist oft sinnvoll, sich von der reinen Produktpräsentation weg und dafür hin zu unterhaltsamem, informativem oder beratendem Content zu orientieren. Erzählen Sie z. B. faszinierende oder lustige Geschichten. Oder geben Sie Lösungen für typische Probleme Ihrer Zielgruppe und positionieren Sie sich so als hilfreicher Experte – die Nutzer werden Ihnen für Profitipps und anderen wertvollen Content sehr dankbar sein.

Das Umfeld der Anzeige spielt hier eine große Rolle. Leser einer großen Tageszeitung bringen andere Erwartungen mit als Leser eines Boulevardmagazin oder Leser eines Blogs zu spezifischen Interessen. Wenn Sie die Erwartungen der Nutzer des jeweiligen Publishers in Ihre Überlegungen miteinbeziehen, können Sie wesentlich effizientere Anzeigen erstellen.

Ein weiterer wichtiger Faktor ist, dass jede Anzeige, auch im Native Advertising, ein klar definiertes Ziel haben sollte. Welche Personen möchten Sie zu welcher Handlung bringen? Interessieren Sie sich für Brand Awareness, Leads, Anfragen oder Käufer? Von der Auswahl des Themas über die Ansprache der Nutzer bis zum Call-to-Action sollten alle Elemente der Anzeige konsistent auf dieses Ziel ausgerichtet sein, um dem Nutzer ein möglichst widerspruchsfreies Erlebnis zu bieten.

Wenn Sie dann unter Berücksichtigung von Zielgruppe, Umfeld und Ziel der Anzeige eine Kampagne erstellt haben, sollten Sie diese auch regelmäßig analysieren. Sortieren Sie Anzeigen aus, die nicht angeklickt werden, und ersetzen Sie sie durch andere Anzeigen, die mit anderen Motiven oder Themen arbeiten. Aber nicht nur die Klicks zählen: Entfernen Sie auch Anzeigen, bei denen die Landingpage eine hohe Abbruchquote aufweist. Offenbar besteht dort irgendein Bruch zu den Erwartungen der Nutzer – das belastet nur Ihr Werbebudget und bringt Ihnen keinen Umsatz.

Was ist der TKP, und was bedeutet er für mich?

Im Native Advertising wird als Grundlage für die Werbepreise häufig der bereits erwähnte Tausenderkontaktpreis (TKP) verwendet. Dieser Preis gibt die Kosten dafür an, 1.000 Menschen mit Ihrer Anzeige zu erreichen, also genau genommen die Kosten für 1.000 Views.

Eine Beispielrechnung: Die Website eines Publishers hat pro Woche 50.000 Aufrufe. Für die Werbeplatzierung bei 10.000 Website-Aufrufen zahlen Sie 25 € pro Woche. Bei 10.000 Einblendungen der Anzeige im oberen Bereich der Website beträgt der TKP also 25 €/10.000 Impressions x 1.000 = 2,50 €.

Das bedeutet für Sie vor allem: Sie bezahlen das Gleiche, unabhängig davon, ob Besucher Ihre Anzeige anklicken oder nicht. Es ist deshalb besonders wichtig, auf eine hohe CTR zu optimieren: Das hält Ihre Gesamtkosten in Relation zu den möglichen Leads und Verkäufen geringer, als wenn niemand auf Ihre Native-Anzeige klickt und Sie dennoch den TKP zahlen müssen. Die Alternative zur Steigerung der Klickrate wäre eine Erhöhung des Kampagnenbudgets, um mehr Einblendungen zu erhalten – was aber entsprechend mehr kosten würde. Der TKP erhöht sich dabei nicht, sondern nur der Gesamtpreis: In dem oben angeführten Beispiel wäre es ja auch möglich, die Anzeigenschaltung für alle 50.000 Website-Aufrufe zu buchen. Das würde Sie dann 125 € pro Woche kosten.

Der TKP hängt wiederum von der Relevanz und Performance des Publishers ab: Publisher, die ein zahlungskräftigeres oder kaufwilligeres Publikum ansprechen, rufen häufig höhere Tausenderkontaktpreise ab als Nischenseiten. Der Spielraum für den TKP kann dabei von 1 € bis über 100 € reichen. Wo genau Ihre Werbung erscheint, lässt sich bei nativen Netzwerken wie Outbrain oder Taboola relativ genau aussteuern. Wie Sie diese Netzwerke einsetzen können, erkläre ich später genauer.

Konkurrenz auslesen bei Native Advertising

Gerade beim Native Advertising möchten Sie natürlich wissen, welche Themen, Bilder und Überschriften für Ihre Zielgruppen und Ihre Angebote funktionieren, bevor Sie Ihr

Werbebudget für unnötige Experimente ausgeben. Deshalb möchte ich Ihnen auch an dieser Stelle wieder ein paar Hinweise dazu geben, wie Sie die Aktivitäten Ihrer Mitbewerber effizient und schnell durchleuchten können.

Wir vertrauen hierfür auf die Plattform WhatRunsWhere, die Sie unter https://www.whatrunswhere.com/ finden können. Neben der Analyse verschiedener anderer Werbeaktivitäten Ihrer Konkurrenz können Sie hier auch analysieren, wie Ihre Mitbewerber im Bereich des Native Advertising werben. Dabei ist es wichtig, die Top-Publisher für Ihre Branche bzw. Ihr Angebot zu identifizieren. Das sind die Websites, in deren Umfeld Ihre Native-Anzeigen besonders effizient untergebracht sind. Sie sollten sich aber auch auch die am besten und die am schlechtesten performenden Texte und Bilder Ihrer Mitbewerber anschauen. Über die Keyword-Suche können Sie alle für Sie relevanten Publisher und Anzeigen schnell und einfach finden.

Case Studies

Nachdem wir uns nun mit den verschiedenen Werbeformen beschäftigt haben, möchte ich Ihnen noch einen kleinen Ausblick auf die erfolgreiche Praxis geben. Dafür habe ich einige interessante Case Studies ausgewählt, an denen Sie exemplarisch die Möglichkeiten und Potentiale von datenbasiertem, performanceorientiertem Marketing mit Native Advertising erkennen können.

Solche Case Studies sind genau wie auch das Ausspionieren Ihrer Mitbewerber gut geeignet, um Inspirationen zu finden und zu sehen, welche Wege zum Ziel führen. Dafür habe ich für Sie drei unterschiedliche Fälle ausgewählt, die auf den Websites von Taboola bzw. Outbrain geschildert werden. Wenn Sie weitere Case Studies suchen, die eventuell besser zu Ihrer spezifischen Branche passen, dann empfehle ich Ihnen unbedingt die Website von Outbrain: Unter https://www.outbrain.com/case-studies/ finden Sie eine große Auswahl von verschiedenen Case Studies unterschiedlicher Branchen und Kunden.

Anschließend wird es Zeit für Sie, Ihre eigenen Kampagnen zu starten, weshalb nach den Case Studies eine detaillierte Schritt-für-Schritt-Anleitung folgt (inklusive Screenshots), wie Sie Ihre erste Kampagne bei Outbrain erfolgreich aufsetzen.

Taboola und Outbrain

Wie bereits erwähnt, gehören Taboola und Outbrain derzeit zu den stärksten nativen Netzwerken weltweit. Zu den Publishern im Netzwerk von Taboola zählen z. B. Die Welt, Sport1, Eurosport, FOX Sports, STRÖER und NBC. Outbrain arbeitet z. B. mit den Publishern Bild, Focus, Spiegel, Chip und Vogue. Diese Auswahl ist natürlich nur zu der Zeit aktuell, zu der ich dieses Buch schreibe – für genaue und jeweils aktuelle Informationen sollten Sie sich jeweils direkt an die Anbieter wenden.

Interessant an den nun folgenden Case Studies ist, dass ganz unterschiedliche Wege jeweils zielführend sind: In einem Beispiel führt der Klick auf die native Anzeige direkt auf eine Landingpage, die stark gebrandet ist und auf der sich der Nutzer registrieren soll. In den beiden anderen Beispielen wird jeweils mit weiterführendem Content gearbeitet – aber auch hier werden jeweils verschiedene Strategien eingesetzt. Mit diesen Beispielen will ich Ihnen auch zeigen, wie wichtig die Hinweise sind, die ich Ihnen soeben gegeben habe: Das Produkt und die Zielgruppe sind die wichtigsten Faktoren für die Kampagnengestaltung.

a) Neukundengewinnung für Innogames bei Taboola

Innogames bietet Computerspiele an, die kostenlos gespielt werden können. Im Spiel werden sogenannte In-Game-Käufe angeboten, mit denen sich Spieler gegen Geld z. B. einen Betrag in der Spielwährung oder Ausrüstung kaufen können. Dies ist entweder nötig, um überhaupt voranzukommen, oder es beschleunigt das Vorankommen. Durch diese In-Game-Verkäufe verdient Innogames sein Geld – deshalb ist es wichtig, dass die Nutzer lange aktiv bleiben. Mit einem durchschnittlichen CPA-Wert von 3 bis 4 US$ und Spitzen-CPA von bis zu 7 US$ wird dies umso entscheidender, um einen positiven ROI zu erzielen und überhaupt Gewinn zu machen.

In diesem Fall profitierte Innogames von den Vorhersage- und Targetierungsmöglichkeiten bei Taboola, mit denen die Anzeige gezielt den aussichtsreichsten Nutzern ausgespielt werden konnte. Die Anzeige für das Spiel „Forge of Empires" bestand aus einem kleinen Bild, das eine Spielszene darstellt, und dem Text: „Build Your City Through The Ages And Conquer New Territories" (übersetzt: Baue deine Stadt über die Zeitalter hinweg und erobere neue Gebiete).

Mit dieser Strategie konnte Innogames über 50.000 neue Spieler pro Monat gewinnen. Anschließend wurde die Kampagne auf mobilen Traffic ausgeweitet, um die App-Downloads für mobile Spiele zu boosten.

Quelle: https://www.taboola.com/sites/default/files/Taboola_CaseStudy_Innogames.pdf

b) EverQuote nutzt Lookalike Audiences bei Outbrain

Das Unternehmen EverQuote vermittelt Kfz-Versicherungen für den US-amerikanischen Markt. Das Ziel der Zusammenarbeit mit Outbrain war, einen skalierbaren Kanal zu schaffen, über den Personen mit Kfz-Versicherungen in den USA erreicht werden können. Der Fokus der Kampagne lag auf Conversion: Die Nutzer sollten dazu gebracht werden, ihre Daten zu hinterlassen und ihre Kfz-Versicherung online zu wechseln, wobei der Vermittler üblicherweise eine Provision erhält.

Um diese Ziele zu erreichen, wurde der Outbrain-Custom-Audience-Pixel eingesetzt. Dieser wurde auf der Website von EverQuote eingebaut, um möglichst genaue Nutzerprofile der EverQuote-Nutzer zu erstellen. Mit diesem Pixel konnte dann eine Lookalike Audience erstellt werden, die auf das gesamte Netzwerk skaliert werden kann. So war es möglich, eine sehr große Zielgruppe zu erstellen, die mit den bisherigen Nutzern von EverQuote möglichst genau übereinstimmt.

An diese Lookalike Audience wurde dann eine Anzeige mit der Überschrift: „This Brilliant Company is Disrupting a $ 200 Billion Industry" (übersetzt: Diese brilliante Firma stört eine 200-Milliarden-Dollar-Industrie") ausgespielt. Auf der darauffolgenden Landingpage finden Nutzer einen redaktionell aufgebauten Artikel darüber, dass Leute zu viel für ihre Versicherung bezahlen und EverQuote jetzt mit einem disruptiven Modell den Status quo stört. Abgeschlossen wird der Artikel mit dem Spartipp, Versicherungen zu vergleichen, und einem Call-to-Action, der dazu auffordert, bestimmten Schritten zu folgen, um Geld zu sparen.

Die Ziele wurden erreicht und zum Teil sogar übererfüllt: Die Ziel-CPA wurden um 19 bis 23 % unterschritten, und daher konnten mit dem Budget noch mehr Kunden erreicht werden als geplant. Außerdem war die Conversion Rate um 52 % höher als in anderen Kampagnen, die EverQuote zuvor durchgeführt hatte.

Quelle: https://www.outbrain.com/case-studies/images/casestudies/everquote/casestudy.pdf

c) Mit Fitness-Themen mehr App-Downloads für 8Fit bei Outbrain

Der Anbieter 8Fit stellt Nutzern eine Smartphone-App zur Verfügung, die ihnen dabei helfen soll, aktiv fit zu bleiben. Dafür enthält die App personalisierte Workouts und Ernährungspläne. Der USP soll sein, dass die App Schritt-für-Schritt-Anleitungen für verschiedene Fitness-Ziele enthält. Die App selbst und die Basisfunktionen sind kostenlos, für vollen Funktionsumfang müssen die Nutzer ein Abo abschließen.

Während also das Revenue-Modell der App etwa dem von Innogames ähnelt, wurde in der Native-Advertising-Strategie hier ein völlig anderer Weg eingeschlagen. Zunächst wurden zahlreiche Artikel zu Fitness- und Gesundheitsthemen erstellt, wobei ein weites Themenspektrum abgedeckt wurde, das sich sowohl an Anfänger als auch an Fortgeschrittene wendet. Die Artikel beinhalteten auch nützlichen Content, wie Tipps, Workout-Anleitungen, Rezepte und mehr. Dann wurden diese sehr redaktionell gestalteten Artikel in nativen Umgebungen platziert.

Interessant an diesem Beispiel ist auch, dass ausschließlich mobile Nutzer targetiert wurden – so sollte der Traffic möglichst direkt ohne Wechsel des Geräts auf die App gelenkt werden. Es wurde also auch nur im mobilen Bereich skaliert. Durch die breite Themenstreuung der Artikel wurden aber dennoch neue Nutzergruppen angesprochen.

Im Ergebnis der Kampagne konnte eine bemerkenswerte Conversion Rate festgestellt werden: Die App wurden von jedem dritten Leser eines Artikels installiert. Insgesamt kam 8Fit auf 30.000 App-Downloads pro Monat bei Kosten von weniger als 2 € pro Installation. Hier zeigt sich deutlich, wie sich guter Content im Native Advertising auf die Conversion Rate auswirken kann.

Quelle: https://www.outbrain.com/case-studies/images/casestudies/8fit/casestudy.pdf

Schritt für Schritt zur erfolgreichen Outbrain-Kampagne

Nachdem Sie nun wissen, welche Ergebnisse mit Outbrain möglich sind, möchte ich Ihnen einmal erklären, wie Sie dort selbst eine erfolgreiche Kampagne aufsetzen. Nachdem Sie ein Konto erstellt und einen Nutzernamen gewählt haben, wählen Sie das Herkunftsland Ihres Unternehmens und stellen Sie sicher, dass dieses Land mit Ihrer Rechnungsadresse übereinstimmt. Dann können Sie mit dem Aufsetzen Ihrer Kampagne beginnen.

Eine Kampagne auf Outbrain erstellen Sie in drei einfachen Schritten:

1. Inhalte hinzufügen: Wählen Sie einen eindeutigen Kampagnennamen und fügen Sie Ihre Inhalte hinzu. Wir empfehlen, 6 bis 8 Überschriften zu einem Content Piece hinzuzufügen, damit der Algorithmus den am besten funktionierenden Titel bestimmen kann und die Aufmerksamkeit auf eine bestimmte Seite lenkt. Mit dem Variations-Tool können Sie dann später in Sekundenschnelle noch Creatives hinzufügen. Bestätigen Sie diesen Schritt mit einem Klick auf „Add Content". Daraufhin wird Ihnen eine Vorschau Ihrer Inhalte angezeigt, für den Fall, dass Sie diese noch einmal bearbeiten möchten, bevor Sie sie veröffentlichen.

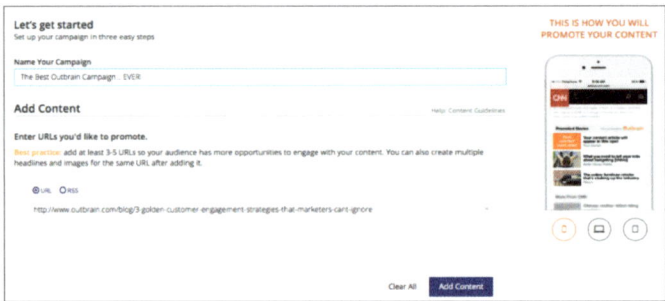

2. Kampagneneinstellungen bearbeiten: Im nächsten Schritt können Sie die Einstellungen Ihrer Outbrain-Kampagne so anpassen, dass Sie genau die Zielgruppe ansprechen, die Sie erreichen wollen. Beginnen Sie, indem Sie einen Zeitplan für Ihre Kampagne festlegen. Hier können Sie wählen, ob Sie Ihre Kampagne auf unbestimmte Zeit laufen lassen wollen oder ob sie nur zwischen bestimmten Daten aktiv sein soll. Es ist ratsam, die Kampagne für mindestens eine Woche laufen zu lassen, um aussagekräftige Ergebnisse zu erhalten.

Nach der Bestimmung des zeitlichen Rahmens wählen Sie Ihren CPC. Wir empfehlen, mit einem Klickpreis zwischen 0,65 $ und 0,85 $ zu beginnen, um sicherzustellen, dass Sie Ihre Kampagnenziele zeitnah erreichen. Sobald das Budget ausgeschöpft wird, können Sie Ihren CPC reduzieren, um Ihr Geld effizient einzusetzen. Beim Tagesbudget können Sie einen Wert zwischen 20 und 200 $ wählen. So legen Sie fest, wie viel Sie täglich für Ihre Werbung über Outbrain ausgeben möchten. Ein Monatsbudget festzulegen, ist bei Outbrain nicht ohne Weiteres möglich. Dafür müssen Sie sich im Einzelfall an den Outbrain-Support wenden.

Nachdem Sie Ihren CPC und Ihr Tagesbudget bestimmt haben, wählen Sie die Orte und Geräte, die Sie targetieren möchten. Der Reach Estimator zeigt Ihnen an, wie hoch Ihre Reichweite in den nächsten 30 Tagen sein könnte, und hilft Ihnen, bessere Targetierungsentscheidungen zu treffen. Um herauszufinden, welche Geräte die besten Ergebnisse für Ihre Kampagne erzielen, empfehlen wir, pro Kampagne nur eine Art von Geräten zu targetieren, also z. B. nur mobile Nutzer.

Sie sollten auch unbedingt einen Tracking-Code verwenden, damit Sie Ihre Conversions nachverfolgen und so fundierte Entscheidungen treffen können, wie Sie Ihre Kampagne skalieren.

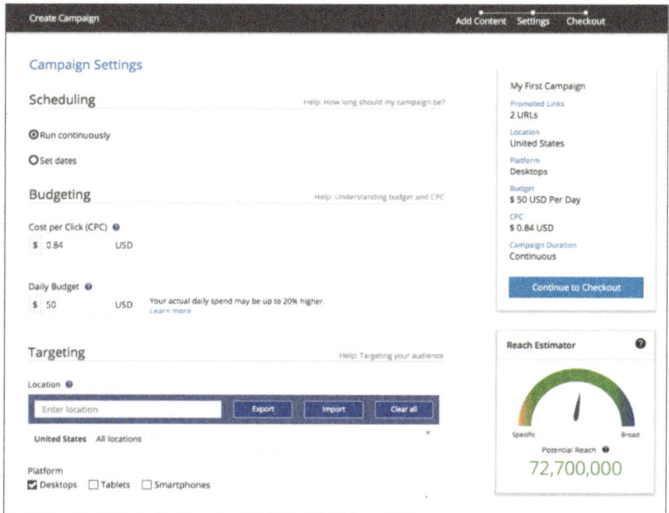

3. Kampagne starten: Wenn Sie alle Einstellungen vorgenommen haben, klicken Sie auf „Continue to Checkout" und geben Sie Ihre Zahlungsinformationen an. Hierbei ist wichtig, dass diese mit dem Land übereinstimmen, das Sie zu Anfang bei Ihrer Profilerstellung angegeben haben.

Ihre Karte wird erst belastet, wenn Sie einen bestimmten Betrag überschritten haben. Dieser Betrag wird gestaffelt und richtet sich danach, wie lange Sie bereits bei Outbrain aktiv sind. Je länger Sie über die Plattform Werbung schalten, umso höhere Beträge können über Ihr Konto laufen, bevor Ihre Karte belastet wird.

Wenn Sie überprüft haben, ob alle Angaben richtig sind, können Sie Ihre Kampagne starten. Outbrain prüft innerhalb von 24 Stunden, ob Ihre Inhalte den Content Guidelines entsprechen, und gibt Ihre Kampagne dann frei.

Outbrain – 4 Tipps für Ihren Erfolg

Nun wissen Sie, wie Sie eine Kampagne bei Outbrain aufsetzen. Damit Ihrem Erfolg auch wirklich nichts mehr im Wege steht, möchte ich Ihnen jetzt noch ein paar Tipps geben, mit denen Sie Ihrer Konkurrenz immer um eine Nasenlänge voraus sind.

1. Outbrain priorisiert nach Relevanz: Outbrains einziger Sinn und Zweck ist es, Usern Inhalte zu empfehlen, die sie am meisten interessieren. Um dies zu ermöglichen, priorisiert Outbrain den Content nach Relevanz, also nach den meisten Klicks. Wenn Sie mehrere Anzeigen in einer Kampagne haben, dann ist es wahrscheinlich, dass die Anzeige, die am meisten und am schnellsten Klicks bekommt, zukünftig häufiger ausgespielt wird. Wenn Sie jetzt aber wissen möchten, es sich mit der Qualität der einzelnen Anzeigen verhält, dann müssen Sie für die gegeneinander zu testenden Anzeigen jeweils einzelne Kampagnen anlegen. Befinden sich nämlich in einer Kampagne mehrere Anzeigen, dann werden nicht alle gleichermaßen ausgespielt, sondern vorrangig die mit den meisten Klicks.

2. Gebotsstrategien, die effektiv sind: Woher wissen Sie nun, mit welchem Gebot Sie beginnen sollten? Dadurch, dass Outbrain auf Auktionsbasis arbeitet, haben Sie zwei Möglichkeiten, sich dieser Frage zu nähern.

Option 1: Beginnen Sie einfach mit einem niedrigen CPC-Gebot (0,08 Euro, wenn nicht noch weniger) und arbeiten Sie sich zu Ihrem Sweet Spot vor, also bis zu dem optimalen Punkt, an dem Sie mit den Conversions, CPA und Gesamtausgaben zufrieden sind.

Option 2: Um hochwertigen Traffic zu bekommen, beginnen Sie mit einem hohen Klickpreis und optimieren ihn Sie bis zum Sweet Spot.

Sie sollten sich für Option 1 entscheiden, wenn Sie Outbrain erst einmal testen möchten, ohne Gefahr zu laufen, dass Ihr Budget verbrannt wird, oder wenn Sie noch nicht davon überzeugt sind, dass die Leads, die Sie bekommen, auch wirklich hochwertig sind.

Für Option 2 sollten Sie sich entscheiden, wenn Sie qualitativ hochwertigen Traffic erhalten möchten. Zusammen mit der CTR signalisiert ein hoher Klickpreis dem Outbrain-Algorithmus, dass Sie eine hohe RPM (Revenue per Mille = Einnahme pro tausend Seitenaufrufe) haben. Die RPM fungiert bei Outbrain als Qualitätsfaktor, und daher wird bei einer höheren RPM mehr qualifizierter Traffic auf Ihre Anzeige gelenkt. Darum gilt: Je höher Ihr CPC-Gebot ist, desto wahrscheinlicher ist es, dass Sie eine gute RPM haben und damit auch mehr hochqualifizierten Traffic.

3. Der Outbrain-Algorithmus ist Ihr Freund: Je nachdem, wie erfolgreich Ihre Kampagne ist, sollten Sie immer wieder unterschiedliche Creatives testen. Manche Kampagnen setzen Sie einmal auf und sie performen von alleine, bei anderen merken Sie bereits nach wenigen Tagen, dass es immer weniger Impressionen gibt. Neue Anzeigen aufzusetzen, sorgt dafür, dass der Outbrain-Algorithmus versucht, neue Ausspielungsmöglichkeiten zu finden. Das bedeutet, dass Outbrain weiterhin auf der Suche nach passenden Zielgruppen bleibt, denn nach einer bestimmten Anzahl von Klicks beendet der Algorithmus die Suche und fokussiert sich auf die Zielgruppen, bei denen die meisten Klicks zu erwarten sind. Wenn keine Zielgruppe auffindbar ist, die genug Klicks generiert, hört der Algorithmus auf zu suchen und der Artikel bekommt weniger Impressionen. Dagegen können Sie angehen, indem Sie regelmäßig neue Überschriften und Bilder verwenden und so den Algorithmus am Laufen halten.

4. Monitoren Sie Ihre Conversions: Was viele nicht wissen, ist, dass es auch bei Outbrain einen Pixel gibt, mit dem Sie Conversions tracken können. Dieser wird Ihnen auf Anfrage vom Support zugesandt. Sobald der Pixel implementiert wurde und die ersten

Conversions darüber gelaufen sind, werden Ihnen die Conversions und CPA-Daten im Kampagnen-Dashboard angezeigt. Achten Sie in diesem Zusammenhang auch auf Retargeting-Möglichkeiten über Outbrain.

Zusammenfassung Teil D

Ziel der hier vorgestellten Werbeformen ist es – ähnlich wie bei den bereits genannten Werbeformen –, Werbung auszuspielen, die auf die Interessen der Nutzer abgestimmt ist. Native Netzwerke zeichnen sich vor allen Dingen dadurch aus, dass sie eine deutliche Verbindung von redaktionellen und werblichen Inhalten aufweisen. Native Netzwerke sind derzeit besonders beliebt und verzeichnen besonders hohe Verbreitungs- und Nutzungszahlen. Zu den bekanntesten und größten dieser Netzwerke gehören unter anderem Outbrain und Taboola. Native Advertising bedeutet im Grunde, dass Content in ein redaktionelles Umfeld eingebettet wird und somit ein sanfter Übergang vom Kundeninteresse hin zum Verkaufsargument geschaffen wird. Dabei ist es besonders wichtig, Content zu erschaffen, der dem Nutzer einen Mehrwert und Nutzen verspricht, indem man als Werbetreibender informiert, berät oder Lösungen anbietet. Hauptaufgabe ist es also, ein klares Ziel zu definieren und dafür ein widerspruchsfreies Ergebnis zu liefern. Um die Aktivitäten von Wettbewerbskonkurrenten zu analysieren und aufzuschlüsseln, empfiehlt es sich, die Plattform WhatRunsWhere zu nutzen.

Nachwort

Wir sind nun bereits am Ende von „Traffic" angekommen, und ich hoffe, Sie konnten viel Wissen, aber vor allem auch viele praktische Ansichten für sich mitnehmen:

- Impulse, wie Sie in Ihrem eigenen Unternehmen durch den gezielten Einsatz von bezahlter Werbung mehr Kunden gewinnen können

- Blickwinkel auf Ihr Unternehmen, die Sie in dieser Form vielleicht vor dem Lesen des Buches noch nicht hatten

- Konkrete Ergebnisse, die sich bei Ihnen auf Grundlage der Praxisanleitungen in Kürze einstellen werden (oder bereits eingestellt haben)

In jedem Fall hoffe ich, dass ich Sie für Online-Marketing begeistern konnte und Sie jetzt noch mehr Lust haben, tiefer in das Thema einzusteigen. Denn es ist wirklich ein unglaublich spannendes Feld, und die nächsten 10 Jahre werden richtungsweisend für unsere Wirtschaft und Gesellschaft sein.

Behalten Sie dabei bitte stets zwei Dinge im Kopf: Erstens: Die beste Theorie bringt Sie keinen einzigen Schritt weiter, wenn Sie das Gelernte nicht auch für sich umsetzen. Der Markt ist ständig in Bewegung und bietet Ihnen großartige Möglichkeiten, Ihr neu erworbenes Wissen zu testen und natürlich auch, damit Erfolge zu feiern. Nutzen Sie diese Chance!

Und zweitens: Bleiben Sie am Ball! Online-Marketing verändert und entwickelt sich weiter, es ist ein ständiger Lernprozess und beinhaltet eben auch, dass Sie sich weiterhin informieren, damit Sie immer all die neuen positiven Effekte des Marktes für sich nutzen können. Natürlich können Sie dieses Buch gerne trotzdem als Nachschlagewerk verwenden. Denn auch wenn sich immer wieder vieles verändert, werden einige Grundprinzipien immer die gleichen bleiben.

An dieser Stelle möchte ich mich zum Abschluss noch bei meinem großartigen Team bedanken, das die Umsetzung dieses Buches überhaupt erst möglich gemacht hat:

Vincent Musche, der mir in der heißen Phase des Buches den Rücken freigehalten und wertvolles Feedback mit mir geteilt hat und ein großartiger Geschäftspartner und Marketer ist.

Enzo Becker, der in seiner Funktion als Head of Operations insbesondere bei der Vermarktung des Buches eine koordinative Rolle übernommen und damit zu der großen Nachfrage beigetragen hat.

Julia Heise, Antje Dieckhoff und dem gesamten Redaktionsteam, die viele Stunden Zeit in die Erarbeitung dieses Buches gesteckt haben.

Kai Benke und Benjamin Baudisch für ihre Ergänzungen, Fallstudien und Kommentare zum Thema Facebook-Advertising.

Fabian Hase für seine Unterstützung bei der Erarbeitung der Google-AdWords-Inhalte und die Erarbeitung der dazugehörigen Fallstudien.

Und natürlich danke ich auch dem gesamten übrigen Team für die Unterstützung bei diesem Projekt und die herausragende Arbeit bei der Fastlane Marketing GmbH. Ohne euch wären wir nicht dort, wo wir heute stehen. Danke!

Zuletzt bedanke ich mich natürlich auch bei Ihnen, liebe Leserin, lieber Leser. Danke für Ihr Vertrauen in dieses Buch und viel Erfolg und Rückenwind bei allen Ihren zukünftigen Projekten. Bis zum nächsten Mal!

Beste Grüße aus Berlin

Marcel Knopf

⬛ **Folgen Sie uns auf Instagram**	@marcel.knopf @fastlanemarketing
▶ **Jede Woche neue Videos auf YouTube**	www.youtube.com/fastlanemarketinggmbh
🔵 **Kontaktanfragen**	www.fastlane-marketing.de

Glossar

Begriff	Definition/Erklärung
Ad Sets	Anzeigengruppen auf Facebook; Gruppen von Werbeanzeigen mit gemeinsamem Budget, Zeitplan, Targeting und gemeinsamer Auslieferungsoptimierung
Bounce Rate	Die Absprungrate bezeichnet im Bereich Webanalytics den prozentualen Anteil von Besuchern einer Website, die eine Seite wieder verlassen, ohne eine weitere Unterseite der jeweiligen Domain aufgerufen zu haben. Es handelt sich dabei immer nur um einen einzelnen Seitenaufruf
B2B	(Business-to-Business) bezeichnet Geschäftsbeziehungen zwischen mindestens zwei Unternehmen – im Gegensatz zu Beziehungen zwischen Unternehmen und anderen Gruppen, wie z.B. Konsumenten (Business-to-Consumer), also Privatpersonen als Kunden, Mitarbeitern oder der öffentlichen Verwaltung
B2C	(Business-to-Consumer) bezeichnet Geschäftsbeziehungen zwischen einem Unternehmen und Privatpersonen (Konsumenten, Kunden)
Conversion	Umwandlung
Conversion Rate	Umwandlungsrate; Verhältnis von Website-Besuchern und Conversions; zeigt auf, wie viele Besucher einer Website tatsächlich einen Kauf tätigen
CPA	Der CPA (Cost per Acquisition) bildet den Gegenpol zum EPA. Er zeigt auf, wie viel Werbeetat auf Facebook für eine Aktion ausgegeben werdem muss (z.B. für einen Kauf oder eine Eintragung im Newsletter)

CPC	Cost-per-Click; Klickpreis; beschreibt die Abrechnung pro Klick auf ein Werbemittel
CPM	Cost-per-Mille; Tausend-Kontakt-Preis; beschreibt den Preis für 1.000 Einblendungen einer Anzeige
Cross-Selling	(auch Kreuzverkauf) Bezeichnet im Marketing den Verkauf von ergänzenden Produkten oder Dienstleistungen
CTR	Click-Through-Rate; Klickrate; Anzahl der Klicks im Verhältnis zu den gesamten Impressionen; beschreibt die Effizienz einer Werbeplatzierung
EPA	Earning per Acquisition: Der EPA erklärt, was an einer Aktion eines Kunden verdient wird (entweder bei einem Kauf oder bspw. bei einer Eintragung im Newsletter). Er beschreibt den Deckungsbeitrag, der nach Abzug von Nebenkosten, Wareneinsatz, Logistik und weiteren Kosten im Durchschnitt pro Kauf erwirtschaftet wird
Facebook-Pixel	Das Facebook-Pixel ist ein Analyse-Tool, mit dem die Effektivität von Werbung gemessen werden kann. So kann das Facebook-Pixel dazu verwendet werden, Handlungen von Menschen auf einer Website zu verstehen und so die richtigen Zielgruppen anzusprechen
Landingpage	Eine speziell eingerichtete Website, auf die man nach dem Klick auf eine Werbeanzeige weitergeleitet wird
Leads	*Vertriebsmarketing:* die erfolgreiche Kontaktanbahnung eines Produkt- oder Dienstleistungsanbieters zu einem potenziellen Interessenten
	Affiliate Marketing: eine durch einen Händler definierte Transaktion eines Kunden oder Interessenten (z. B. Gewinnspielteilnahme, Newsletter-Anmeldung), die dem Vermittler vergütet wird

Lookalike Audience	Die Lookalike Audience beruht auf der Custom Audience, also der Liste von bereits bestehenden Kunden eines Unternehmens. Die Custom Audiences können direkt bei Facebook hochgeladen oder im Verlauf einer Anzeigenkampagne generiert werden. Mit diesen Kundenlisten können Werber ihr Zielgruppen-Targeting auf Facebook verbessern. Anhand bereits vorhandener Kundeneigenschaften (Geschlecht, demografische Angaben, Wohnort, Interessen) erstellt Facebook eine Lookalike Audience mit den gleichen Kundeneigenschaften wie auf der Custom Audience.
Native Advertising	Verwandt mit PR-Texten, sogenannten Advertorials; die Werbung wird an das Umfeld angepasst und wirkt wie eine objektive redaktionelle Publikation; sie kann dadurch sehr indirekt an die Zielgruppe herangetragen werden
Organischer Traffic	Personen, die z.B. über Videos auf YouTube oder durch Suchergebnisse auf Google auf die eigene Website gelangt sind
PPC	Pay-per-Click = Bezahlung pro Klick auf eine Werbeanzeige
Pull-Marketing	Pull-Marketing beschreibt eine Form des Marketings, bei dem der Marketing-Treibende den Endverbraucher direkt anspricht
Push-Marketing	Push-Marketing beschreibt eine Form des Marketings, bei dem der Marketing-Treibende den Endverbrauchern seine Produkte indirekt über den Handel zur Verfügung stellt
Retargeting	Form der Online-Targetierung; Nutzer werden beim Besuch einer Website markiert, daraufhin erhalten sie immer wieder Werbung für die besuchte Website
skalieren	Die richtige Marketing-Strategie macht ein Unternehmen skalierbar. Das heißt in den meisten Fällen, dass ein Unternehmen expandieren, mehr Aufträge erzielen und somit einen höheren Gewinn erwirtschaften kann

Split-Testing	Mithilfe von Split-Testing lassen sich alle Elemente, die im Zusammenhang mit einem Funnel und dessen Bewerbung stehen, in unterschiedlichen Variationen testen
Targeting	Genaue Zielgruppenansprache im Online-Marketing
Tracking	Beim Tracking wird ein Tracking-Code, bspw. von Facebook, auf jeder Landingpage hinterlegt. Dieser Code enthält einen sogenannten Tracking-Pixel, mit dem Website-Besucher getagt und somit nachverfolgt werden können. Die Einbettung des Codes erfordert in der Regel keine fortgeschrittenen Coding-Kenntnisse
Upsell	Upselling bezeichnet im Vertriebskontext das Bestreben eines Anbieters, dem Kunden statt einer günstigen Variante im nächsten Schritt ein höherpreisiges Produkt oder eine höherpreisige Dienstleistung anzubieten

Fastlane Marketing GmbH

Lust auf mehr Umsatz und Neukunden? Werden Sie unser Partner!

In den letzten 8 Jahren habe ich zahlreiche Vorträge zum Thema Marketing in Deutschland und in ganz Europa gehalten. Immer wieder ist mir dabei aufgefallen, wie unglaublich wichtig es inzwischen für jedes Unternehmen geworden ist, sich mit Online-Marketing zu beschäftigen. Häufig gibt es jedoch zwei grundsätzliche Probleme:

Fehlende Zeit und mangelndes Personal.

Viele Unternehmen haben zwar durchaus verstanden, dass es höchste Zeit ist, deutlich mehr Energie in das eigene Online-Marketing zu investieren, aber es fehlen schlicht und ergreifend die zeitlichen Ressourcen und die richtigen Mitarbeiter.

Deshalb habe ich mich vor einigen Jahren dazu entschlossen, die Fastlane Marketing GmbH zu gründen und damit eine Agentur VON Unternehmern FÜR Unternehmer aufzubauen. Inzwischen arbeiten wir mit einer Vielzahl von tollen Partnern eng zusammen und haben Dutzenden Unternehmen dabei geholfen, die eigenen Ziele in Bezug auf Neukunden, Reichweite und Umsatz zu erreichen oder sogar deutlich zu übertreffen.

Sind Sie auch auf der Suche nach einem Partner, dem Sie Ihr Marketing anvertrauen können? Und ist es Ihr Wunsch dabei mit absoluten Profis zusammenzuarbeiten?

Dann melden Sie sich bei uns und stellen Sie eine unverbindliche Kontaktanfrage auf unserer Website unter **www.fastlane-marketing.de**. Im Rahmen eines gemeinsamen Telefonats oder eines persönlichen Treffens in unserem Büro im Herzen von Berlin können wir dann herausfinden, ob eine Zusammenarbeit Sinn für Sie macht und welche Potentiale wir gemeinsam realisieren können.

Wir freuen uns auf Sie und Ihr Unternehmen!

90DAYS – Unsere Online-Marketing-Intensivausbildung

Online-Marketing entwickelt sich rasant weiter. Fast täglich kommen neue Werbeplattformen, Strategien und Möglichkeiten hinzu, und es wird daher immer komplexer die richtige Strategie für sich selbst zu erarbeiten und zur praktischen Anwendung zu bringen.

Dieses Buch hat Ihnen bereits einen guten Überblick über die verschiedenen Disziplinen im Online-Marketing verschafft. Wenn Sie jedoch gerne tiefer blicken und vor allem noch mehr Praxis erleben möchten, dann sollten Sie sich für unser intensives Ausbildungsprogramm **90DAYS** bewerben.

Bei diesem Programm arbeiten wir eng mit Ihnen zusammen und helfen Ihnen dabei, innerhalb von 90 Tagen eine echte Online-Marketing-Expertise aufzubauen – der Fokus liegt dabei zu 100 % auf der Praxis und auf ganz konkreten Handlungsanweisungen.

Das Ergebnis: eine Zufriedenheitsquote von fast 100 % der bisherigen Teilnehmer und viele hochkarätige Erfolgsgeschichten, die im Zuge der Ausbildung geschrieben wurden.

Das bedeutet für Sie: **90DAYS** ist eine Abkürzung zu Ihrem Erfolg im Online-Marketing und kann möglicherweise auch Ihr Unternehmen innerhalb von kurzer Zeit transformieren.

Überzeugen Sie sich selbst und lesen Sie auf unserer Website die Kommentare zu unserem Ausbildungsprogramm. Oder bewerben Sie sich direkt, und wir melden uns telefonisch bei Ihnen für eine unverbindliche Beratung. Vielleicht lernen wir uns ja im Zuge der Ausbildung in Kürze auch persönlich kennen? Es würde mich sehr freuen!

Jetzt hier bewerben: www.fastlane-marketing.de/90days

Abschließend möchte ich Sie noch auf unseren YouTube-Channel „Fastlane Marketing GmbH" hinweisen. Dort veröffentlichen wir in regelmäßigen Abständen kostenlos eine Vielzahl praktikabler Tipps und aktuelle Neuerungen und Möglichkeiten aus der Welt des digitalen Marketings.

Über Ihren Besuch auf diesem Channel würde ich mich ebenfalls sehr freuen!